Elke Mirwald
Roland Rink

Unter Mitarbeit von
Bianca Nitsch

Zahlen und Größen gemeinsam unterrichten

und für besseres Verstehen sorgen

Klasse 1 bis 4

– Für Clara, Hanno und Bruno –

Cornelsen

Die Autor/-innen:

Dr. Elke Mirwald ist Diplompädagogin für Mathematik-Methodik und war als Lehrkraft für besondere Aufgaben an der Humboldt-Universität zu Berlin im Lernbereich Mathematik tätig.

Dr. Roland Rink ist Grundschullehrer für die Fächer Mathematik, Sport und ev. Religion. Nach einigen Jahren der Berufspraxis an Grundschulen ist er nun als wissenschaftlicher Mitarbeiter an der Technischen Universität Brauschweig in der Lehrerausbildung und -fortbildung im Fach Mathematik tätig.

Bianca Nitsch ist Grundschullehrerin und Referentin für Lehrerfortbildungen in Berlin.

Projektleitung: Maren Krüger, Berlin
Redaktion und Sachzeichnungen: Stefan Giertzsch, Werder (Havel)
Umschlagkonzeption/-gestaltung: Corinna Babylon, Jule Kienecker, Berlin
Umschlagillustrationen: Jule Kienecker, Berlin (Maßband); Anna-Lena Kühler, Eltville Rauenthal (alle weiteren Illustrationen)
Illustrationen Innenteil: Maja Bohn (S. 80); Stefan Jähde (S. 17); Jule Kienecker (S. 2 bis 96: Maßband); Kristina Klotz (S. 35, 63), Anna-Lena Kühler (S. 18, 29, 32, 33, 42, 52, 75, 76, 85, 87, 88) ; Roland Rink (S. 51, 56, 57, 58), Shutterstock.com/Fouad A. Saad (S. 55: Federwaage)
Fotos: Shutterstock.com/Maks Narodenko (S. 18: Äpfel); Shutterstock.com/siloto (S. 18: Gewicht); Shutterstock.com/Roman Samokhin (S. 18: Mehltüte); Deutsche Bundesbank/Luc Luycx aus Belgien (S. 37); Shutterstock.com/Eric Isselee (S. 64 links); Shutterstock.com/nelik (S. 64 rechts); Roland Rink (alle weiteren Fotos)
Layout/technische Umsetzung: krauß-verlagsservice, Ederheim/Hürnheim

HINWEIS WEBCODE
Wird in diesem Buch auf Webcodes verwiesen, können Sie Zusatzmaterialien aus dem Internet herunterladen. Sie finden dazu eine Buchstabenkombination an der jeweiligen Stelle im Buch. Geben Sie diese unter www.cornelsen.de/codes ein, um zu den Materialien zu gelangen.
Alle aufgeführten Systeme und Tools stellen nur Beispiele für die Unterrichtsgestaltung dar. Bitte stimmen Sie sich mit Ihrer Schulleitung dazu ab, welche Systeme oder Tools an Ihrer Schule im Rahmen der Unterrichtsgestaltung genutzt werden dürfen.

www.cornelsen.de

1. Auflage 2021

Druck: H. Heenemann, Berlin

ISBN 978-3-589-16760-9

PEFC
PEFC/04-31-1156

PEFC zertifiziert
Dieses Produkt stammt aus nachhaltig bewirtschafteten Wäldern und kontrollierten Quellen.

www.pefc.de

INHALTSVERZEICHNIS

VORWORT

Prof. Dr. Marianne Grassmann: Zur Bedeutung von Größenvorstellungen für den Mathematikunterricht

Überall wird vom „digitalen Zeitalter" auch in der Bildung gesprochen, gefordert wird, die digitale Kompetenz von Lehrkräften und Schülerinnen und Schülern zu entwickeln. Und nun erscheint ein Buch, das definitiv zum analogen Lernen anregen soll, ja es geradezu verlangt. Ist das zeitgemäß? Aus meiner Sicht ist diese Frage unbedingt zu bejahen. Verständnis auszubilden und Vorstellungen zu entwickeln verlangt geradezu nach Handeln und Begreifen im wahrsten Sinne des Wortes.

Hilft Ihnen Ihr Smartphone beim Feststellen, ob Sie die geforderten 1,50 m Abstand zum Gegenüber einhalten? Woran orientieren Sie sich beim Abschätzen des Abstands? Welches Wissen und welche Fähigkeiten sind dazu notwendig? Sie haben vielleicht eine Vorstellung von der Größe 1 m, denken an das Tafellineal, das Sie nutzen, wissen sicherlich, wie groß Sie sind und vielleicht auch, dass Ihre Armspanne Ihrer Körpergröße entspricht. All das kann Ihnen helfen, den Abstand zum Gegenüber abzuschätzen. Ist er wirklich ungefähr eineinhalb Tafelineallängen entfernt?

Es gibt viele weitere Beispiele, bei denen deutlich wird, dass wir uns auf Vorstellungen stützen, um unseren Alltag zu bewältigen: Wie lang ist der Weg zum Bahnhof? Wann muss ich losgehen, um den Zug zu erreichen? Passen die Möbel, die ich im Laden so toll finde, in meine Wohnung? Darf ich mit meinem Auto über die Brücke mit der Beschränkung 1,5 t fahren? Sie können sicher vieles ergänzen.

Eine Welt ohne Zahlen ist sicher nicht denkbar und am häufigsten begegnen uns Zahlen im Alltag im Zusammenhang mit Größen. Auch Kinder kommen in ihrem Alltag mit Zahlen und Größen in Berührung, sicher in unterschiedlichem Umfang. Nicht jedes Kind hat vor Schulbeginn mit den Eltern gebastelt, im Hobbykeller gemessen und in der Küche beim Backen Zutaten abgemessen. Und selbst wenn eine Berührung mit Größen erfolgte, bedeutet das nicht, dass Kinder Untersuchungen zu Wissen über Größen und Größenvorstellungen ausgebildet haben. Das zeigen Vorstellungen von Größen, die im vorliegenden Buch immer wieder zitiert werden. Wenn Kinder nicht darüber stolpern, dass das Gewicht[1] eines Zugwaggons mit 50 kg angegeben wird und erst nach längerer Diskussion darauf kommen, dass das nicht stimmen kann, und ein Viertklässler am Ende feststellt, dass dann er ja so schwer wie ein Waggon wäre[2], wie ich es in einer Unterrichtsbeobachtung erlebt habe, kann sicher nicht von gut entwickelten Größenvorstellungen gesprochen werden bzw. muss festgestellt werden, dass im Alltag erworbene Größenvorstellungen nicht in den Unterricht einbezogen werden. Erschreckend ist auch, dass Kinder häufig nicht wissen, welche Größe in welcher Einheit gemessen wird, wie Angaben „In ein Trinkpäckchen passen 250 kg Saft" (siehe unten) oder das Berechnen des Flächeninhalts eines Rechtecks in Klasse 6 durch Addition der Seitenlängen zeigen. Zahl- und Größenvorstellungen hängen eng zusammen, Oberflächlichkeit im Umgang mit

[1] Eigentlich handelt es sich um die Masse, Gewicht ist eine Kraft, beide werden umgangssprachlich synonym verwendet. Die Kinder lernen in der weiterführenden Schule die Unterschiede kennen.

[2] Hier kommt sicher ein weiteres Phänomen, der Kontext Matheunterricht, hinzu. Die Kinder haben häufig erlebt, dass es im Unterricht darum geht zu rechnen, eine Beziehung zu ihren außerhalb des Unterrichts gemachten Erfahrungen wird nicht hergestellt, und so kann man auf die Frage, ob denn eine Mutter 4,50 m groß sein kann, die Antwort erhalten, das ist doch nur Mathematikunterricht.

Zahlen findet sich auch immer wieder in Zeitungen. So war in einer Zeitung zu lesen, dass die Deutschen im Jahr 18 Millionen Eier essen und dies 223 Eier pro Person wären. Beim Wissen um die Einwohnerzahl Deutschlands (ein gerundeter Wert reicht) und einem guten Vorstellungsvermögen muss sofort klar sein, dass diese Angaben nicht stimmen können. Wie viele Eier müssten es insgesamt ungefähr sein, wenn die Anzahl der Eier pro Person korrekt ist? Zum kritischen Hinterfragen von Zahlenangaben, die uns begegnen und auch von Ergebnissen, die bei Sachrechenaufgaben ermittelt wurden, sind gut ausgeprägte Zahl- und Größenvorstellungen notwendig.

Frau Dr. Mirwald und Herr Dr. Rink widmen sich in dem vorliegenden Buch u. a. der Frage, wie erreicht werden kann, dass Kinder sichere Größenvorstellungen erwerben können, die ihnen einen kritischen Umgang mit Zahlen und Größen ermöglichen. Dabei können sich die beiden auf umfangreiche Unterrichtserfahrungen, langjährige Tätigkeit in der Ausbildung von Grundschullehrkräften und eigene Forschungen stützen, wie im Text immer wieder zu spüren ist. Alle Unterrichtsideen wurden selbst erprobt, um sicher zu stellen, dass sie auch realisierbar sind.

Auch wenn die konkreten Anregungen für die Unterrichtstätigkeit ein ganz wesentlicher Bestandteil der vorliegenden Ausführungen sind, werden in angemessener Weise auch Hintergründe beleuchtet, wird immer wieder deutlich gemacht, welche Ziele verfolgt werden, dass nicht das oberflächliche Handeln im Vordergrund steht, immer geht es um Verständnis.

Worum soll es bei der Behandlung der Größenbereiche im Mathematikunterricht der Grundschule gehen? Schaut man in die Bildungsstandards, so steht die Entwicklung von **Größenvorstellungen** für alle zur Diskussion stehenden Größenbereiche an erster Stelle. Dies spiegelt sich in der vorliegenden Veröffentlichung wider. So wird hier geklärt, was unter Größenvorstellungen und Stützpunktwerten zu verstehen ist, bevor Unterrichtsbeispiele ausführlich dargestellt werden. Dabei wird immer wieder betont, wie wichtig es ist, die jeweiligen Lernvoraussetzungen der Kinder zu erfassen. Auch dazu finden sich Anregungen im Buch.

Als weiteres wichtiges Ziel wird **Mess- und Schätzerfahrungen erwerben** genannt. Auch zur Umsetzung dieser Zielstellungen finden Sie Anregungen in dieser Veröffentlichung. Es erfolgt natürlich auch hier eine Begriffsklärung: Was sind die Grundideen des Messens, welche Unterschiede gibt es in den einzelnen Größenbereichen? Denn dass das Messen im Größenbereich Längen etwas ganz anderes ist, als das Messen im Größenbereich Geldwerte, liegt auf der Hand. Was bedeutet Schätzen, wie ist Schätzen vom Raten abzugrenzen, wie das Verhältnis von Messen und Schätzen? All dies wird ausführlich diskutiert und deutlich gemacht, dass es vielfältige Situationen gibt, in denen Schätzen die angemessene Strategie ist. Um Verständnis vom Messen und für Messgeräte zu erwerben, erweist sich der Bau von Messinstrumenten durch die Kinder als sehr hilfreich, wie Erfahrungen der Autorin und des Autors belegen. Um ein geeignetes Messinstrument selbst zu bauen, muss genau überlegt werden, wie denn in dem vorliegenden Größenbereich gemessen werden muss, was als Vergleichsgröße (Einheit) gewählt werden kann, wie man zu einer Messskala kommt u. v. a. Und so kann sicher weitaus besser Verständnis aufgebaut werden, als wenn ein vorgegebener Algorithmus zur Nutzung eines Messinstruments abgearbeitet wird.

Weiterhin sind natürlich auch sichere **Kenntnisse von den Maßeinheiten** und deren Beziehungen ein Ziel. Dem jeweiligen Größenbereich müssen korrekte Einheiten zugeordnet werden, der Inhalt eines Saftpäckchens kann also nicht mit 250 kg angegeben werden. Und schließlich ist auch Sicherheit in der Nutzung verschiedener Schreibweisen, im Umrechnen und Umwandeln von Größenangaben sowie im Rechnen mit Größen zu erwerben.

Zu den drei erstgenannten Zielstellungen finden Sie vielfältige Anregungen in der vorliegenden Veröffentlichung, die zum Umsetzen im Unterricht geradezu aufrufen. Hervorhebenswert ist aus meiner Sicht, dass immer wieder Zusammenhänge zwischen der Behandlung der Zahlen und der Größen im Mathematikunterricht der Grundschule aufgezeigt werden.

Als ganz wertvoll finde ich die Anregungen zum Experimentieren, von denen ich einige selbst mit Grundschulkindern, aber auch mit Studierenden ausprobiert habe. Scheuen Sie nicht den Aufwand, der durchaus zu betreiben ist. Sie werden durch die Kreativität Ihrer Kinder, die Ergebnisse, die nicht nur in Bezug auf die Entwicklung von Größenvorstellungen, sondern auch für die mathematische Allgemeinbildung erreicht werden, entschädigt.

Frau Dr. Mirwald und Herrn Dr. Rink gilt für dieses Buch, das im digitalen Zeitalter zu analogem Lernen anregt, Dank. Ich wünsche, dass viele der Ideen Eingang in die Schulstuben finden, dass bei den Leserinnen und Lesern durch die dargestellten Hintergründe auch Verständnis für die Grundlagen der Behandlung der Größenbereiche im Unterricht gefördert wird.

Marianne Grassmann

Mühlenbeck im April 2021

Hinweis zu den Kopiervorlagen 13, 14 und 15
Jede dieser Kopiervorlagen besteht aus mehreren Seiten. Drucken Sie diese Seiten doppelseitig aus (Spiegelung an kurzer Kante). Legen Sie dann die Blätter übereinander und falten Sie diese mittig, sodass ein Heft entsteht. Die Seitenzahlen am Seitenende dienen der Orientierung.
Sollten Sie nur die Möglichkeit des Einzelseitendrucks haben, müssen Sie je zwei aufeinanderfolgende Seiten mit den Rückseiten zusammenkleben.

cornelsen.de/codes
Code: kucuya

EINLEITUNG

Zahlen begegnen uns in unserer Umwelt in vielfältigen Anwendungssituationen. In Postleitzahlen, Kontonummern oder Autokennzeichen werden Zahlen im Sinne von Namen verwendet. Noch viel häufiger begegnen uns Zahlen aber als Maßzahlen. Diese Zahlen kommen beispielsweise in Ausdrücken vor wie

5 kg, 4 km, 125 m², 7 min, 25 € oder 50 km/h.

Diese Ausdrücke sind Namen für Größen, nämlich für Gewichte, Längen, Flächeninhalte, Zeitspannen, Geldwerte oder Geschwindigkeiten. Zahlen begegnen uns aber auch in der Verwendung von Anzahlen. Hier sind den Kindern Wendungen wie 200 Personen, 15 Fahrzeuge, 32 Bälle und so weiter bekannt.

Demzufolge werden im Anfangsunterricht die Rechenoperationen mit natürlichen Zahlen nicht abstrakt eingeführt (4 + 2 = 6), sondern an konkrete Beispiele aus der Lebenswelt gebunden („4 Kinder und 2 Kinder kommen dazu. Das sind zusammen 6 Kinder." oder auch „Ich habe 4 € und bekomme 2 € dazu. Ich habe nun 6 €.").

Zahlen als Anzahlen werden also genauso verwendet, wie Zahlen in ihrer Verwendung als Maßzahlen. Zahlen und Größen hängen begrifflich eng zusammen.

Größen spielen nicht nur im Zusammenhang mit dem Sachrechnen im Mathematikunterricht eine bedeutende Rolle. Auch die Erlangung und Entwicklung des Zahlbegriffes im Anfangsunterricht, die Zahlenraumerweiterungen in den weiteren Schuljahren sowie die Zahlbereichserweiterung bei der systematischen Einführung der Bruchzahlen ab Klasse 5 sind ohne ein Arbeiten mit Größen kaum denkbar. Sie sind von den ersten Rechenübungen an nicht nur in den Anwendungsaufgaben wichtig, sondern auch als unverzichtbares Mittel der Veranschaulichung für die Operationen mit Zahlen.

Dabei liegt gerade im Aufbau von tragfähigen Zahl- und Operationsvorstellungen für viele Schülerinnen und Schüler im Anfangsunterricht eine große Hürde. Studien bestätigen immer wieder, dass der Anteil von Kindern mit Schwierigkeiten beim Rechnen lernen in einem Jahrgang sehr hoch ist (vgl. GAIDOSCHICK 2010, LORENZ 2019, KAUFMANN 2003). Diese Kinder stehen immer vor den gleichen Lernhürden:

- Ihnen fehlen konkrete Vorstellungen zum Zahlbegriff.
- Sie verfügen über mangelnde Vorstellungen zu Rechenoperationen.
- Ihnen gelingt es kaum, von materialgebundenen Handlungen zu Rechenoperationen zu abstrahieren.
- Ihnen fehlen konkrete Vorstellungen zu Größen, wie die folgenden Beispiele aus einer Erhebung der Lernausgangslage zu Größeneinheiten mit Dritt- und Viertklässlern zeigen:

Viele Kinder haben vor allem deshalb wenig ausgeprägte Größenvorstellungen, weil ihnen die konkreten alltäglichen Erfahrungen im Umgang mit Größen fehlen. Die Möglichkeit, in der Küche beim Kochen zu helfen und damit auf ganz natürliche Weise mit Hohlmaßen und Gewichten, beim gemeinsamen Heimwerken im Keller mit Längen oder beim selbstständigen Einkaufen mit Geldwerten in Berührung zu kommen, ist vielen Kindern heutzutage nicht mehr gegeben.

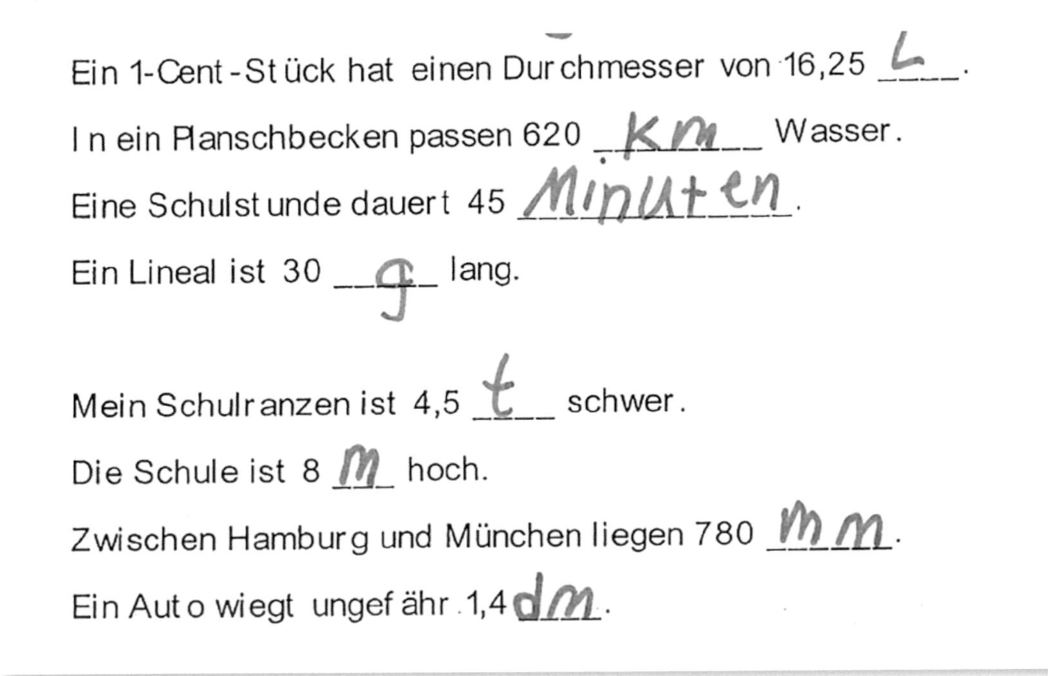

Ein 1-Cent-Stück hat einen Durchmesser von 16,25 L.

In ein Planschbecken passen 620 km Wasser.

Eine Schulstunde dauert 45 Minuten.

Ein Lineal ist 30 g lang.

Mein Schulranzen ist 4,5 t schwer.

Die Schule ist 8 m hoch.

Zwischen Hamburg und München liegen 780 mm.

Ein Auto wiegt ungefähr 1,4 dm.

Gerade die Kinder mit Schwierigkeiten im Mathematikunterricht können aber von einer gemeinsamen Thematisierung von Zahlen und Größen im Unterricht sehr profitieren. Zum einen werden durch die Behandlung von Größen die Voraussetzungen geschaffen, dass die Schülerinnen und Schüler ihre Umwelt quantitativ erfassen lernen. Mit anderen Worten: Sie lernen die Welt durch die *mathematische Brille* zu betrachten und schulen dadurch ihren „Zahlenblick" (vgl. Schütte 1994, Mirwald/Nitsch 2004).

Zum anderen erleichtert gerade der praktisch gegenständliche Umgang mit Größen den Zahlvorstellungsaufbau und steht damit in enger Verbindung zu etablierten Lerntheorien, wonach sich Wissen durch die konstruktive Auseinandersetzung mit der Umwelt entwickelt und festigt (vgl. Piaget 1976).

Den Größen im Mathematikunterricht der Grundschule mehr Beachtung zu schenken, ist auch noch aus anderen Gründen lohnenswert: Größen stehen in sehr engem Zusammenhang mit weiteren Inhaltsbereichen des Mathematikunterrichts. So sind in der Geometrie (Inhaltsbereich Raum und Form) Längen, Flächeninhalte, Volumina und Winkel wichtige Größen. Und in der Stochastik können alle Größen in Form von Daten, beispielsweise in Diagrammen, dargestellt werden.

Weiterhin werden auch die prozessbezogenen Kompetenzen stets angesprochen:

Wenn im Unterricht verschiedene Lösungsstrategien von Sachaufgaben mit Größen erarbeitet, verglichen und diskutiert werden oder mit einem Partner gearbeitet werden soll, ist das nicht möglich, ohne miteinander zu **kommunizieren** und eigene oder fremde Lösungsansätze **argumentativ** zu unterstützen bzw. zu widerlegen. **Darstellungen**, beispielsweise von Messergebnissen beim Protokollieren von Experimenten, müssen gut gewählt sein, damit andere die eigenen Lösungswege nachvollziehen können oder, wenn die Worte fehlen, Darstellungen bei der Präsentation von Lösungswegen unterstützen können.

Zur Konzeption des Buches

Mit diesem Buch möchten wir Ihnen einen praktischen Ratgeber an die Hand geben und Ihnen Ideen liefern, wie Sie Zahlen und Größen im Mathematikunterricht stärker miteinander verknüpfen können. Dazu haben wir im Kapitel 10 einige erprobte Unterrichtsideen für Sie skizziert und dabei hervorgehoben, welcher arithmetischer Inhalt sich gemeinsam mit Größen unterrichten lässt. Kopiervorlagen zu jeder Unterrichtsidee runden das Kapitel ab.

Um die Ausbildung von Zahl- und Größenvorstellungen bei den Kindern zu fördern, haben wir zudem mit der Methode des Experimentierens sehr gute Erfahrungen gemacht.

In Kapitel 11 haben wir einige dieser Experimente aufgeführt und geben Hinweise, wie Sie die Experimente in Ihrem Unterricht umsetzen können.

Weiterhin werden wir uns mit der Entwicklung von Größenvorstellungen befassen. Wir gehen der Frage nach, wie die Tätigkeiten Messen, Schätzen, Überschlagen und Abschätzen zueinander in Beziehung stehen. Wie kann man die Kinder beim Umrechnen von Größenangaben unterstützen? Wie kann das Rechnen mit Größen verständlich veranschaulicht werden? Und welche diagnostischen Schlussfolgerungen kann man aus den Vorstellungen der Schülerinnen und Schüler ableiten? Zudem gibt es im Inhaltsbereich Größen und Messen viele Begrifflichkeiten, mit denen man als Mathematiklehrkraft sicher hantieren muss.

Wir hoffen, Ihnen viele neue Anregungen und Perspektiven für Ihren Unterricht mitgeben zu können.

Elke Mirwald; Roland Rink

Hinweis zu den Kopiervorlagen (Webcodes):

Mit folgenden Buchstabenkombinationen können Sie unter **cornelsen.de/codes** die Kopiervorlagen herunterladen:

KV 1 bis 12, Code: **dehepi**
KV 13 bis 15, Code: **kucuya**
KV 16 bis 27, Code: **soyetu**
KV 28 bis 33, Code: **saroru**
KV 34 bis 49, Code: **yuqiqu**

KURZ NACHGEDACHT: ZUM FACHLICHEN HINTERGRUNDWISSEN

Die Behandlung der Thematik „Größen und Messen" erfordert ein Nachdenken zu notwendigen Begriffen und Begriffsinhalten, die dem Thema zugrunde liegen (vgl. GRASSMANN ET. AL 2010, S. 161–166).

Am Anfang steht die Frage: Was ist eine **Größe**?

Jeder Gegenstand hat bestimmte Eigenschaften. So kann zum Beispiel eine Tafel Schokolade braun sein, süß schmecken, 100 g schwer und 16 cm lang sein. Kinder in der Grundschule erfahren somit, dass alle Eigenschaften, die in Zahlen angegeben werden, Größen sind. Für den Größenbegriff der Lehrkraft sind aber außerdem der Begriff Repräsentant und dessen Benennung wichtig. Eine Tafel Schokolade ist in dem oben genannten Beispiel ein Repräsentant für die Größe 100 g und steht damit für alle Gegenstände, die 100 g schwer sind. So kann konstatiert werden, dass Größen messbare Eigenschaften von Gegenständen (Länge einer Strecke, Masse/Gewicht eines Körpers, Fassungsvermögen eines Gefäßes) oder von Vorgängen (Dauer eines Vorganges/Zeitdauer) sind. Diese Eigenschaften können auf der Grundlage eines Messverfahrens den zu messenden Repräsentanten zugeordnet werden (vgl. Begriff *Messen* Kap. 4 und 8). Größen eines Größenbereichs können addiert und subtrahiert werden. In der Grundschule multiplizieren/dividieren die Kinder jeweils nur eine Größenangabe mit bzw. durch eine natürliche Zahl (vgl. Kap. 5 und 9).

Eine Größe kann weder gesehen noch angefasst werden, sondern sie ist ein gedankliches Konstrukt, das über einen Repräsentanten - wie am Beispiel der Schokolade - durch Auswiegen mit einer Waage gemessen werden kann.

So können Größen ausgehend von realen Objekten durch **Abstraktion** gewonnen werden. Durch direktes Vergleichen werden maßzahlfreie Äquivalenzklassen von Repräsentanten gebildet. Die zwischen den Repräsentanten einer Klasse (bezogen auf Gegenstände, die durch ihre Länge repräsentiert werden) bestehende Relation („... ist so lang wie ...") bleibt immer gleich, auch wenn sich qualitative Veränderungen ergeben (Ein Strick von 1 m Länge bleibt 1 m lang, auch wenn dieser zu einer Schnecke gerollt wird.). Man spricht hier von der **Invarianz** einer Größe. Kindern kann man die vollständige Entwicklung des Invarianzbegriffes einer Größe bestätigen, wenn sie die Konstanz der Quantität gegenüber qualitativer Veränderungen erkennen.

BEISPIEL: Zwei gleich lange Stricke werden zur Bestätigung ihrer Länge direkt verglichen. Einer dieser Stricke wird dann vor den Augen des Kindes zusammengerollt oder in Teile zerschnitten oder in einer Zickzacklinie neben den anderen Strick gelegt, also immer wieder in eine andere Qualität gebracht. Stellt das Kind danach ohne direkten Vergleich fest, dass beide Stricke dennoch gleich lang sind und kann es dafür beispielsweise eine Begründung geben, dass an dem zusammengerollten Strick nichts gekürzt wurde (oder der Strick ja wieder aufgerollt werden kann oder der Strick ja nur so eng aufeinander gelegt wurde), wäre die Invarianzkompetenz des Kindes zu dieser Aufgabe sichtbar.

Alle Repräsentanten einer Klasse (Beispiel: Alle Gegenstände, die so schwer sind wie eine Tafel Schokolade, sind 100 g schwer.) gehören zur gleichen Größe und werden mit **Größenangaben** bezeichnet. Die Größenangabe 100 g besteht aus der Maßzahl 100 und der Maßeinheit g für Gramm. Die Maßeinheit ist eine festgelegte Benennung für eine Größe einer bestimmten Größenart.

BEISPIEL: Größenangabe 100 g

100 ↙ Maßzahl

g ↘ Maßeinheit

Eine Größe wie 100 g kann auch durch eine andere Angabe beschrieben werden, wie beispielsweise auch als 0,1 kg.

Für das Angeben von Größen nutzen wir drei typische Fälle:

- Größenangabe mit einer Einheit (100 g),
- Größenangabe mit zwei Einheiten (1 kg 100 g) und
- Größenangaben in dezimaler Schreibweise (0,1 kg).

Wird eine Größenangabe durch eine andere ersetzt, so sprechen wir vom Umwandeln/Umrechnen bzw. vom Verfeinern oder Vergröbern (vgl. Kap. 9.2).

Ebenso treten diese beschriebenen Fälle beim Rechnen mit Größenangaben auf (vgl. Kap. 9.3.).

Grundschulkinder sollten auch im Verlaufe ihrer Schulzeit erfahren, wie es zur Entwicklung des Maßsystems gekommen ist. Deshalb sind alte Maße, die heute nicht mehr genutzt werden, für Kinder interessant und auch von Bedeutung.

Die heute benutzten Maßeinheiten liegen dem Internationalen Einheitensystem/SI-System zugrunde (vgl. Trapp 1992, S. 78–81). Dieses System umfasst sieben Basiseinheiten (Länge, Masse, Zeit, Elektrische Stromstärke, Temperatur, Stoffmenge und Lichtstärke). Zu jeder Basisgröße gibt es eine Basiseinheit, die entsprechend der neuesten Beschlüsse des Internationalen Einheitensystems, dem sich viele Länder der Erde bisher angeschlossen haben, auch definiert werden. Für die Behandlung der Größen im Grundschulunterricht sind die Basisgrößen Länge (Basiseinheit m), Masse (Basiseinheit kg), Zeit (Basiseinheit s) und Temperatur (Basiseinheit K/ in der Grundschule wird nicht mit Kelvin, sondern mit Celsius gearbeitet) relevant. Wenn wir im Unterricht von Temperaturunterschieden sprechen, nutzen wir „Grad", d. h. die Temperatur ist um 4 Grad gestiegen, nicht um 4 C. Temperaturunterschiede sind Größen, sie können addiert/subtrahiert werden. Mit Temperaturen ist dies nicht möglich, weil es sich hier um Skalenwerte handelt. Von den jeweiligen Basiseinheiten werden dann die abgeleiteten Einheiten bzw. deren Vielfache oder Teile davon für das Vergröbern oder Verfeinern von Größenangaben genutzt (z. B. 10 cm in 100 Millimeter umrechnen).

MESSEN, SCHÄTZEN, RUNDEN, ÜBERSCHLAGEN, ABSCHÄTZEN – VIELE BEGRIFFE – EINE TÄTIGKEIT?

Im Umgang mit Einheiten haben wir beobachtet, dass nach wie vor dem Umwandeln bzw. Umrechnen von einer Größenangabe in eine andere Größenangabe häufig große Bedeutung beigemessen wird. Dabei soll das Umwandeln der Größenangaben keinem Selbstzweck dienen („geschicktes Verschieben des Kommas"). Wichtig ist, dass Kinder mit den Einheiten umgehen und diese anwenden lernen. Dafür sind die Tätigkeiten von Schülerinnen und Schülern wie Messen, Schätzen, Runden, Überschlagen und Abschätzen dienlich.

In der aktiven Auseinandersetzung der Kinder mit ihrer Umwelt stoßen sie vielfach auf diese genannten Tätigkeiten, die als das Bilden von Näherungswerten bezeichnet werden. Nach Hilbert versteht man unter Näherungswerten „eine Zahlenangabe (eine Zahl oder der Zahlenwert einer Größe) mit begrenzter Genauigkeit." (vgl. Hilbert 1997, S. 156 ff.). Der Umgang mit Näherungswerten ist also ein Erfordernis, das so alt ist wie die zielgerichtete menschliche Tätigkeit selbst. Im Mathematikunterricht der Grundschule sollten die Kinder schon sehr früh lernen, mit Näherungswerten umzugehen. Das Wissen zu den einzelnen Näherungswerten wird von Schuljahr zu Schuljahr spiralförmig erweitert. Sie erkennen dabei sowohl die Unterschiede zwischen den einzelnen Näherungswerten als auch die Vorgehensweisen zu ihrer Bestimmung. Dabei erfahren die Kinder, dass das Schätzen und Messen eine Möglichkeit der Angabe von Größen darstellt, bei denen die Angabe „exakter" Werte nicht möglich ist. Beim Runden, Überschlagen und Abschätzen „vereinfachen" wir die Zahlenwerte u. a. auch mit dem Ziel, einfache Rechenaufgaben auszuführen.

Wie wird nun das Bilden der einzelnen Näherungswerte beschrieben?

Messen

***Messen** heißt feststellen, wie oft ein Repräsentant einer (als Einheit dienenden) Größe in einem Repräsentanten einer anderen Größe gleicher Art enthalten ist.*

Kinder der Grundschule lernen, dass sie beim Messen ein Messinstrument verwenden und damit den Vergleich des zu messenden Repräsentanten mit einer festgelegten Einheit – auch ein Repräsentant – vornehmen (vgl. auch Kapitel 8). Kinder betrachten oft das Messergebnis, das mit einem Messgerät ermittelt wurde, in der Regel nicht als einen Näherungswert, weil sie der Meinung sind, dass das Messen mit Lineal oder mit der Waage den genauen und eindeutigen Wert ergibt. Erst in der sukzessiven Betrachtung und Diskussion zu eigenen Messfehlern begreifen sie dann auch das Messergebnis mit einem Messgerät als einen Näherungswert. Information und Diskussion zum Urmeter oder Urkilogramm (vgl. Kap. 6.3) und seiner Entwicklung kann dabei auch unterstützend sein.

Schätzen

***Schätzen** ist das Zuordnen von Näherungswerten zu einem vorgegebenen Repräsentanten einer Größe (einer Zahl) durch ein gedankliches Vergleichen mit einem Repräsentanten gleicher Qualität, von dem man möglichst genaue Vorstellungen hat.*

Grundschulkinder sollten erleben, dass das Schätzen zunehmend an Bedeutung gewinnt und dann sinnvoll ist, wenn eine Messung nicht möglich oder eine relativ genaue Größenangabe (die eventuell beim Messen möglich wäre) nicht notwendig ist. Sie erfahren, dass das Schätzen ohne Messgerät erfolgt, aber der Vergleich mit einer in ihrer Vorstellung bestehenden bekannten Größenangabe eines Repräsentanten geschieht. Diese bekannten Größen bezeichnet man auch als Stützpunktwerte. Mithilfe von Stützpunktwerten können realistische und alltagstaugliche Vorstellungen zu Größen und Größenbegriffen entwickelt werden. Sie gelten als wesentliche Voraussetzung für die Anwendung von Mathematik im Allgemeinen (vgl. GRUND 1992) und für alltagstaugliches Schätzen im Besonderen (vgl. PETER-KOOP 2001). Schätzen wird häufig von Kindern als ein bloßes Raten verstanden. Zu dieser Einstellung kommen Kinder oft, wenn sie das Schätzen als Negativerlebnis – „keine genaue Angabe" – wahrnehmen. Bei Aufgaben zum Schätzen, die oft in Tabellenform (Schätzen, Messen, Differenz zwischen Schätz- und Messwert) gestellt werden, beobachtet man nicht selten, dass die Kinder zuerst messen und dann den sogenannten Schätzwert einfach als Näherungswert angeben, also einfach nur raten bzw. den Messwert als Ausgangszahl für den Schätzwert nehmen (Besser sind Aufgaben wie: „Kann das stimmen?" oder „Kreuze an, welche Information richtig sein kann."). Für das Notieren des Schätz- und Messwertes in den beschriebenen Tabellen kann eher konstatiert werden, dass es für die Kinder bei diesen Aufgabenstellungen keinen Unterschied zwischen dem Raten und dem Schätzen gibt. Eine Angabe des Schätzwertes mit der Aufforderung zum Beschreiben des Schätzvorganges kann dem entgegenwirken. So kann die Lehrkraft erkennen, ob das Kind über Schätzstrategien verfügt, welche Strategien es verwendet hat und welche Stützpunktwerte dabei genutzt wurden. Anfangs kann zu jeder Schätzübung das Kontrollieren mithilfe eines entsprechenden Messverfahrens, zumindest so lange, bis das Verwenden von Stützpunktwert und Schätzstrategie verinnerlicht sind, erfolgen. Allerdings müssen Kinder zunehmend vom Sinn ihrer Schätzung auch überzeugt sein. Das stets kontrollierende Messen mit einer merklich festgestellten Sicherheit beim Schätzvorgang kann beim Kind wohl kaum zu dieser Überzeugung führen. Allerdings ist eine Reflexion zum Schätzergebnis immer wieder zu empfehlen.

BEISPIEL: Wie hast du geschätzt und was hat dir dabei geholfen? oder Schätze und beschreibe, wie du dabei vorgegangen bist).

Will man jedoch einen Schätzwert überprüfen und ein Messverfahren ist nicht möglich, muss dem Kind ein Zugang zum gemessenen Wert angeboten werden (Auskunft über die Lehrkraft einholen, eigenes Recherchieren in den zur Verfügung stehenden Medien). Schätzen ist für das Entwickeln von Größenvorstellungen eine der wichtigsten Tätigkeiten von Schülerinnen und Schülern, die im Unterricht kontinuierlich thematisiert werden sollten.

Nachfolgendes Beispiel zeigt, wie eine Viertklässlerin den Schätzauftrag bewältigt hat. Sie beschreibt zu jeder Schätzung ihr Vorgehen und benennt auch oft ihren individuellen Stützpunktwert (*Beispiel*: eigene Körpergröße, Größe eines Menschen ...) und die Lehrkraft kann auch an vielen Beispielen die verwendete Schätzstrategie der Schülerin erkennen.

4. Schätze und beschreibe, wie du dabei vorgegangen bist!

Schätzaufgabe	Schätzwert	Beschreibe, wie und was du zum Schätzen genutzt hast?
1.Wie lang ist etwa ein Auto?	3m	Wenn ein Kind sich neben ein Auto le würde. Ein Kind ist
2.Wie hoch ist etwa eure Klassenzimmertür?	2 m	Ein Mensch ist etwa 1,80 m groß und je passt durch
3.Wie dick ist etwa ein 1-ct-Stück?	0,5 mm	1mm ist ca 1 € Ein 1 ct Stück ist
4.Wie breit ist etwa eine Postkarte?	20 cm	Die Breite eines Bl muss in den Brief passen das ist ca. 20 cm
5.Wie lange benötigst du etwa für 8km zu Fuß?	1h	Nur wenn man rennt. Beim Sportfest ich etwa 8 km ger
6.Wie schwer ist etwa dein Mathebuch?	500 g	Eine Butter wiegt 250 g und zwei But 500g. Das ist etwa
7. Wie viele Kinder sind etwa so schwer wie 1t?	~~gar~~ +1 ~~keine~~	Ein Kind wiegt ca. 40 kg. 40 · 25 = 100.
8. Wie viel Tee passt etwa in eine normale Teetasse?	0,2 L	Es gibt im Restaur 0,2 l Gläser. Der [illegible]
9.Wie viel Wasser passt etwa in eine Badewanne? Wie viele große Eimer Wasser wären das?	120 L etwa 12 Eimer	In einen Eimer passen 10 L. Dann habe ich geschätzt wie viel Eimer da passen würden.

3 m	Wenn ein Kind sich neben ein Auto legen würde. Ein Kind ist ca. 1,50 cm groß.
2 m	Ein Mensch ist etwa 1,80 m groß und jeder passt durch.
0,5 mm	1 mm ist ca. 1-€-Stück. Ein 1-ct-Stück ist dünner.
20 cm	Die Breite eines Blattes muss in den Brief rein passen das ist ca. 20 cm breit
1 h	Nur wenn man rennt. Beim Sportfest bin ich etwa 8 km gerannt.
500 g	Eine Butter wiegt 250 g und zwei Butter wiegen 500 g. Das ist etwa so schwer wie ein Mathebuch.
+ 1	Ein Kind wiegt ca. 40 kg. 40 · 25 = 100
0,2 l	Es gibt im Restaurant 0,2-l-Gläser. Der Saft, der da drin ist, passt auch in eine Teetasse.
120 l	etwa 12 Eimer In einen Eimer passen 10 l. Dann habe ich geschätzt, wie viele Eimer da rein passen würden.
+ 1	25 Kinder

Runden

Runden *heißt das Zuordnen von Näherungswerten zu einer vorgegebenen Zahl nach festgelegten Regeln.*

Die Kinder lernen zuerst den Relationsbegriff „... ist rund..." in der Regel beim Überschlagen (schriftliches Rechnen, Klassenstufe 3) kennen. Später verwenden sie diesen Begriff beim Erlernen der Rundungsregeln. In Vorbereitung des Rundens lernen die Kinder das nächstgelegene Vielfache von 10, 100 und 1 000 bestimmen. Dazu sollte zur Veranschaulichung unbedingt der Zahlenstrahl herangezogen werden. Die Einführung der Rundungsregeln (bei 1, 2, 3, 4 wird abgerundet, bei 5, 6, 7, 8, 9 wird aufgerundet) wird somit bei den Aufgabenstellungen zum Runden (Runde 234 auf volle Zehner, volle Hunderter oder volle Tausender) verständlicher. Beim Runden von Größenangaben werden Aufgaben wie „Runde auf volle Euro/Meter/Kilogramm/..." formuliert. Der Verzicht auf die früher behandelte Geradenzahlregel vereinfacht das Vorgehen wesentlich. Für ein besseres Verständnis der Rundungsregeln sprechen auch Aufgaben zur Umkehrung (*Beispiel:* Gib alle Zahlen an, die gerundet 40 ergeben.). Auch beim Runden sollten Kinder den Sinn für den Einsatz des Verfahrens erkennen (Wann nutzen wir gerundete Zahlen bzw. Größenangaben? Angaben zu Einwohnerzahlen, Angaben zu Flächengrößen von Ländern, Städten usw., Längenangaben zu Fahrtstrecken u. a. m).

Überschlagen

Überschlagen *ist das Zuordnen eines Näherungswertes zu einem Termwert, dessen Ermittlung mindestens das Ausführen einer einfachen Rechenoperation erfordert (Beispiel: Zu den Zahlen werden in der Regel nächstgelegene Vielfache von Zehnerpotenzen bestimmt.).*

Grundschulkinder lernen das Überschlagen als eine Kontrollfunktion für das exakte Ermitteln von Lösungen für Rechenaufgaben kennen. Das Überschlagen sollte unbedingt vom Runden unterschieden werden. Beim Überschlagen werden die einzelnen Glieder einer Aufgabe so verändert, dass man mit diesen leicht im Kopf rechnen kann. Auch hier ist es wichtig, dass bei der Behandlung des Zahlbegriffes immer wieder nächstgelegene Vielfache der Zehnerpotenzen gebildet werden. Auch wenn der Überschlag vor allem beim Arbeiten mit Dezimalbrüchen zum Tragen kommt, wird der Grundstein in der Regel in Klasse 3 beim schriftlichen Rechnen gelegt. Dabei geht es sowohl um die Sicherheit beim Ausführen des Überschlagens als auch um die Herausbildung fester Gewohnheiten. Ein Überschlagen wird nur dann von den Kindern akzeptiert, wenn sie dieses nicht als etwas Zusätzliches, sondern als echte Kontrollmöglichkeit empfinden. Es ist auch ratsam, schon sehr früh Kinder an ein Vermuten zum möglichen Ergebnis einer Aufgabe heranzuführen, ehe sie diese Aufgabe vollständig lösen. Oft zeigen sich bei Kindern Unsicherheiten beim Überschlagen, die aber eher in der Auswahl der jeweiligen Näherungswerte (manchmal sinnloses Anwenden einer Rundungsregel) als im Ausführen des Überschlagens selbst liegen. Es fällt ihnen oft schwer zu akzeptieren, dass ein gewisser „Spielraum" bei der Bestimmung des Näherungswertes besteht und die Kinder unterschiedliche Näherungswerte nutzen können. Im Übungsprozess für das Überschlagen können Kinder erkennen, dass beim Addieren mehrstelliger Zahlen eher das gegensinnige Verändern der Summanden und beim Subtrahieren das gleichsinnige Verändern von Minuend und Subtrahend sinnvoll sind. Sie sollten ebenfalls erkennen, dass beim Überschlagen das Anwenden von Rundungsregeln selten sinnvoll für das Vereinfachen der Zahlen eines Terms ist.

Abschätzen

Abschätzen *ist das Zuordnen von zwei Näherungswerten x_1, x_2 zu einer Zahl bzw. zu einem Termwert x (z. B. durch Überschlagen eines Termwertes), so dass gilt: x ist größer als x_1 und kleiner als x_2. x_1 heißt untere Schranke und x_2 heißt obere Schranke.*

Kinder erleben das Abschätzen als ein genaueres Einordnen des möglichen Ergebnisses, als das beim einfachen Überschlagen der Fall ist (sie beschreiben das Abschätzen oft auch als ein „doppeltes Überschlagen"). Dabei werden die beiden ermittelten Näherungswerte als eine Ungleichung angegeben. Die Kinder wissen dann, dass das zu berechnende Ergebnis der Aufgabe größer als der erste Überschlag (untere Schranke) und kleiner als der zweite Überschlag (obere Schranke) ist.

Kopiervorlage 1 – **Verallgemeinerung zu den Näherungswerten: Runden – Überschlagen – Abschätzen**

Kopiervorlage 2 – **Verallgemeinerung zu den Näherungswerten: Schätzen und Messen**

BEISPIEL: 4 · 68,45 m = ? Abschätzen des Ergebnisses: Das Ergebnis ist größer als 240 m, aber kleiner als 280 m.

Mit dem Begriff „Schranke" arbeiten die Kinder natürlich nicht. Das Abschätzen wird im Unterricht bisher kaum thematisiert und ist auch nicht in allen Rahmenlehrplänen gefordert.

Damit ist es nicht verwunderlich, dass bei einer Befragung trotz Rahmenlehrplanforderung des entsprechenden Landes kein einziges Kind mit diesem Begriff etwas anfangen konnte. So beschrieb u. a. ein Kind, dass Abschätzen das Gleiche sei wie Schätzen, nur dass man abzieht. Ein anderes Kind erklärte, dass man beim Abschätzen schätzt, wie viel Kilometer man gelaufen sei.

ZUM ZUSAMMENHANG VON GRÖßEN UND ZAHLEN

Häufig ist zu hören „Größen sind benannte Zahlen". Dann ist doch leicht zu entscheiden, bei welcher der folgenden Angaben (vgl. KRAUTER o. J.) es sich um Größen handelt – oder?

- 17 €
- 3 m
- 13.15 Uhr
- 3° Kelvin
- 178 ü NN
- + 17
- 3,1415...
- 6 h 27 min
- 27 l
- ⅔
- 15 °C

Um die Frage zu beantworten, vergegenwärtigen wir uns, welche Anforderungen wir unter anderem an Größen stellen, wozu sie genutzt werden sollen, was mit ihnen gemacht werden kann:

Größen sollen es ermöglichen, quantitative Eigenschaften von Objekten und Vorgängen zu erfassen (messen). Vor dem Hintergrund dieser Forderung ist die obige „Erklärung" zu überdenken. Mit Kindern hat es sich bewährt, den Größenbegriff wie in Kapitel 3 einzuführen:

Wenn man ein Buch betrachtet, so hat es verschiedene Eigenschaften, wie das mit den Kindern im nachfolgenden Praxistipp thematisiert werden kann.

Praxistipp: Welche Eigenschaften hat mein Buch? Ordne die passenden Begriffe in den Lückentext ein.

250 g

dick

21 cm

29 cm

weiß

- Es ist ________ .
- Es hat einen ________ Umschlag.
- Die längere Kante ist ______ lang.
- Es wiegt _______ .
- Die kurze Kante ist _____ lang.

In der Auswertung der oben genannten Aufgabenstellung können die Kinder erkennen, dass Gegenstände Eigenschaften haben, die ich auch in Zahlen angeben kann. So kann man sagen, dass die Eigenschaften von Gegenständen, die in Zahlen angegeben werden können, Größen sind (vgl. FRANKE/RUWISCH 2010, S. 179f.). Darüber hinaus erfahren die Kinder im Verlaufe ihrer Schulzeit, dass Größen aber auch noch andere Bedingungen erfüllen müssen:

Größen (einer Art) sowie auch Zahlen müssen verglichen, addiert, subtrahiert, vervielfacht und geteilt werden können.

Vor diesem Hintergrund sind Gleichungen der folgenden Art 1 l = 1 kg, die man leider vielfach in Klassenzimmern auf Merkplakaten lesen kann, schlichtweg falsch, zumal lediglich ein Liter Wasser bei einer Temperatur von 4 °C eine Masse von 1 kg hat. Zusammenfassend lässt sich an dieser Stelle schon einmal festhalten, dass es sich nicht bei allen obigen Angaben um Größen handelt, dass also offensichtlich nicht alle „benannten Zahlen" Größen sind. Die Angabe 13.15 Uhr bezeichnet beispielsweise einen Zeitpunkt. 13.15 Uhr addiert mit 22.30 Uhr ist eine Operation, die keinen Sinn macht. Die Zeitspanne zwischen 13.15 Uhr und 22.30 Uhr ist aber sehr wohl eine Größe. Aus mathematischer Sicht besteht zwischen dem Größen- und dem Zahlbegriff eine Strukturgleichheit. STREHL (1979) zeigt, dass Zahlen und Größen strukturell gesehen das Gleiche sind. KRAUTER (o. J., S. 3) geht sogar soweit, dass seiner Einschätzung nach beispielsweise auch die Angaben „+ 17" und „3,1415" Größen sind. Diese Einschätzung ist aber umstritten.

Im Kapitel 3 haben wir beschrieben, dass mit Blick auf die Schule der Größenbegriff wie der Begriff der natürlichen Zahl das Ergebnis eines Abstraktionsprozesses sind. Ausgehend von konkreten Repräsentanten für Größen wird über eine Äquivalenzklassenbildung der abstrakte Größenbegriff gewonnen.

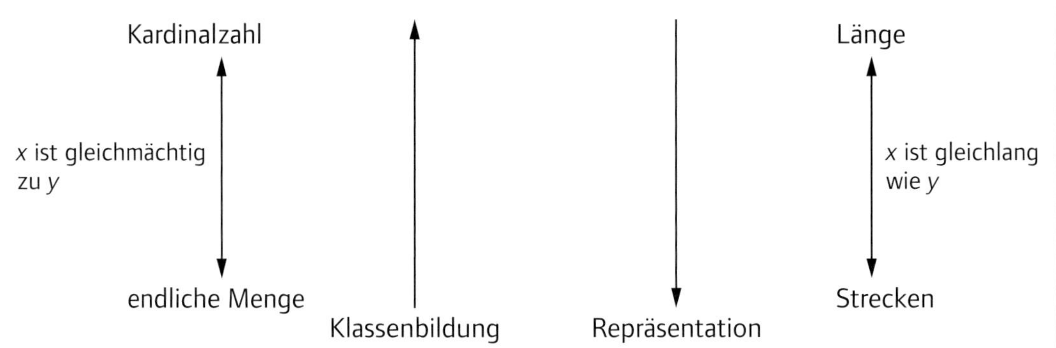

Der Abstraktionsprozess bei Zahlen und Größen nach RADATZ/SCHIPPER 1983, S. 124.

Das bedeutet, dass Schülerinnen und Schüler im Umgang mit unterschiedlichen Repräsentanten erleben müssen, dass sie trotz unterschiedlicher Erscheinung gleiche Eigenschaften aufweisen können.

Zahlen	**Größen**

Drei Steine, drei Äpfel oder drei Wendeplättchen weisen jeweils gewisse Ähnlichkeiten auf und können somit als Repräsentanten für die natürliche Zahl 3 angesehen werden. Die „3" selber ist also nichts, was man sehen oder anfassen kann. Sie ist das Ergebnis eines Abstraktionsprozesses bzw. einer Klassenbildung.	Zwei Objekte unterschiedlicher Größe können gleich schwer, also Repräsentanten der gleichen Masse (Gewicht) sein. Analog sollte man auch die Äquivalenzrelation mithilfe von Repräsentanten in den anderen Größenbereichen erlebbar machen.

Es gibt also auf mathematischer Ebene einen engen Zusammenhang zwischen dem Zahl- und dem Größenbegriff. Aber auch im menschlichen Denken sind Zahlen und Größen eng miteinander verbunden. So werden Zahlen häufig in Form von Längenbeziehungen repräsentiert. Das wird auch durch unsere Sprache deutlich: *Die 18 ist näher an der 20 als die 15*. In diesem Zusammenhang stellen wir uns die 15 und die 20 nicht als Gegenstände, sondern als Punkte auf einem mentalen Zahlenstrahl vor und können dann Abstände betrachten. „Es sind also geometrische Längenbeziehungen, die unser Denken bestimmen und die Zahlen als Geisteshaltung ermöglichen." (vgl. LORENZ 2011, S. 5) Wir machen in unserem Denken also aus Zahlbeziehungen Längenbeziehungen, um sie unserer Vorstellung zugänglich zu machen.

FÜR BESSERES VERSTEHEN SORGEN – DIE BESONDERHEITEN DER GRÖßENBEREICHE IN DER GRUNDSCHULE

6.1 GRUNDSÄTZLICHE ÜBERLEGUNGEN

Im alltäglichen Schulleben kann man immer wieder beobachten, dass das Kapitel „Größen und Messen" als schwierig beschrieben wird, obwohl die Kinder für die Thematik eher als bei anderen Inhalten zu begeistern und aufgeschlossen sind. Oft werden mangelnde Zeit im täglichen Mathematikunterricht, auffallende Heterogenität in den Vorerfahrungen der Kinder sowie auch nicht ausreichend vorhandene Unterrichtsmittel als Begründung für ein nicht kontinuierliches Arbeiten mit Größen gegeben. Gleiche Meinungen werden mitunter auch zum Sachrechnen geäußert. Hier besteht aber eine besondere Affinität zum Arbeiten mit Größenangaben. In jeder einzelnen Funktion des Sachrechnens spielen sowohl Größen als auch Zahlen eine Rolle. Wenn wir beispielsweise das Sachrechnen als Lernstoff nutzen und Kinder dabei Kenntnisse zur Gewinnung von Daten (Zählen, Messen, Schätzen) sowie auch deren Verarbeitung (Vergleichen, Sortieren, Umwandeln ...) erwerben, ist das ein weiteres Indiz für eine gemeinsame Behandlung von Zahlen und Größen. Ebenso trifft diese Aussage auch für die anderen Funktionen des Sachrechnens zu (vgl. Winter 1994). Wir können also konstatieren, dass Größen das Zahlverständnis fördern und umgekehrt, ein gut entwickeltes Zahlverständnis eine günstigere Entwicklung eines Größenverständnisses bewirkt.

Hauptaugenmerk für die Leitlinie „Größen und Messen" sollte auf die Entwicklung von Größenvorstellungen und damit auf die zu entwickelnden Fähigkeiten im Schätzen und Messen mit entsprechenden Messgeräten gelegt werden. Über Größenvorstellungen verfügen nach Franke/Ruwisch (2010, S. 235) Kinder, wenn die drei folgenden Kriterien zutreffen:

- Kinder müssen zu entsprechenden Größenangaben passende Repräsentanten kennen (Von welchem Gegenstand weißt du, dass er 100 g wiegt?).
- Kinder müssen zu typischen Repräsentanten passende Größenangaben zuordnen können (Wie schwer ist etwa ein Stück Butter?).
- Kinder müssen über Stützpunktwerte verfügen, die sie beim Schätzen und bei Modellierungsprozessen anwenden können (Wie viel Kilogramm Äpfel könnten in deiner Klasse in einer Schulwoche gegessen werden, wenn jedes Kind pro Tag einen Apfel isst?).

Größenvorstellungen zu entwickeln, sollte als übergeordnete Zielstellung kontinuierlich während des gesamten Schuljahres immer wieder im Blick behalten werden. Schulbücher behandeln die Thematik „Größen und Messen" auf nur wenigen Seiten, was lehrbuchtechnisch auch kaum anders möglich ist. Aber es gibt auch idealerweise Klassenräume, die einen sogenannten Werkstattcharakter erkennen lassen und so ein kontinuierliches Arbeiten an der Thematik besser ermöglichen (z. B.: Schätzaufgabe der Woche oder Schätzaufgabe des Monats). Hier können die Kinder immer wieder mit den Messgeräten messen, immer wieder neue Schätzaufgaben, die sie selbst formulieren und in entsprechenden Regalen (oft sind es breite Fensterbretter) allen Kindern vorstellen. Wie schon in Kap. 3 beschrieben, werden Größenvorstellungen vorwiegend durch Schätz- und Messübungen entwickelt. Dabei sollten immer wieder Schätzstrategien (Kap. 9.1) und die dabei verwendeten Stützpunktwerte beschrieben werden. Ansonsten kann die Lehrkraft nicht erkennen, ob es sich um ein bloßes

Raten handelt oder doch von einer entwickelten Schätz- und Messfähigkeit gesprochen werden kann. Zur Entwicklung inhaltlicher Kompetenzen für die jeweiligen Größenbereiche können das Bauen eigener Messgeräte und das Arbeiten mit diesen beitragen. Weiterhin fördern diese Tätigkeiten auch die Entwicklung allgemeiner Kompetenzen, wie das Kommunizieren und Argumentieren. Hier stellt sich bei vielen Lehrkräften die Frage:

Ist der Selbstbau von Messgeräten nicht zu zeitaufwendig und wenig effektiv?

Für ein Pro sprechen folgende Argumente:

- sinnvoll für das Messverständnis,
- das Verständnis zur Funktion eines Messgerätes (direktes und indirektes Vergleichen) und zur Skalierung von Messgeräten werden entwickelt und
- die sich zunehmend rückentwickelnden Fähigkeiten und Fertigkeiten beim praktisch-gegenständlichen Handeln mit Material (genaues Messen mit Lineal, Schneiden mit der Schere, Arbeiten mit Holz, Papier, Pappe usw.), was Kinder aufgrund des einseitigen Verwendens von Smartphone und Computer sowie auch oft aufgrund des fehlenden Werkunterrichts im Stundenplan kaum noch in der Schule und zu Hause erleben, werden gefördert.

Bei der Behandlung jeder einzelnen Größenart stellt sich zudem eine weitere Frage:

Sollte die didaktische Stufenfolge, ein Relikt aus älteren Didaktikauffassungen, noch im heutigen Unterricht Anwendung finden?

Auch hier muss man bei der Betrachtung der Vor- und Nachteile die veränderte Kindheit im Auge haben. Zum einen stellen wir eine zunehmende Heterogenität bei den Kindern fest und zum anderen hilft es, den vielen jungen oder auch den als Quereinsteigenden ausgebildeten Lehrkräften eine gewisse Struktur zur Behandlung einer Größenart im Unterricht damit zu geben. In jedem Falle ist der Einsatz der didaktischen Stufenfolge von den Ergebnissen einer Lernausgangsanalyse vor Beginn der Behandlung jeder neuen Größenart und generell auch von der Sinnhaftigkeit der jeweiligen Größe abhängig (Eine Frage an Sie: Ist diese Stufenfolge für die Geldwerte sinnvoll?). Nur für Kinder, die mit geringen oder keinen Vorerfahrungen zur behandelten Größe im Unterricht anzutreffen sind, ist ein Einsatz einer modifizierten didaktischen Stufenfolge sinnvoll. Differenziertes Vorgehen im Unterricht hat also auch hier Priorität. Für die Länge, Masse und Rauminhalt und eingeschränkt auch für die Zeitdauer kann eine modifizierte Vorgehensweise ihre Anwendung finden. Das heißt, dass die Lehrkraft beim Einsatz kreativ, nicht formal, aber den jeweiligen Kindern entsprechend angepasst vorgeht.

Im Handbuch für den Mathematikunterricht, 2. Schuljahr (vgl. SCHIPPER ET. AL. 2015) wird die didaktische Stufenfolge relativiert auch als Grundsatz für die Behandlung von Größen dargestellt. Man kann aber auch leicht erkennen, dass diese hier beschriebene Stufenfolge auch für die Einführung der natürlichen Zahlen gelten kann.

Wie kann damit gearbeitet werden?

(1) Erfahrungen in Sach- und Spielsituationen sammeln

Hier kann ein erstes „Herantasten" an die neu zu thematisierende Größe oder dem neu zu erlernenden Zahlenraum erfolgen (Auslegen von Messgeräten bzw. von Bildern dazu, Geschichten zu der jeweiligen Größenart erzählen oder lesen, Austausch zu Erfahrungen zu der einen oder anderen Größenangabe.). Kinder können u. a. hier ihr Vorwissen durch ein Auswählen und Zuordnen von Repräsentanten und Messgeräten dieser Größenart demonstrie-

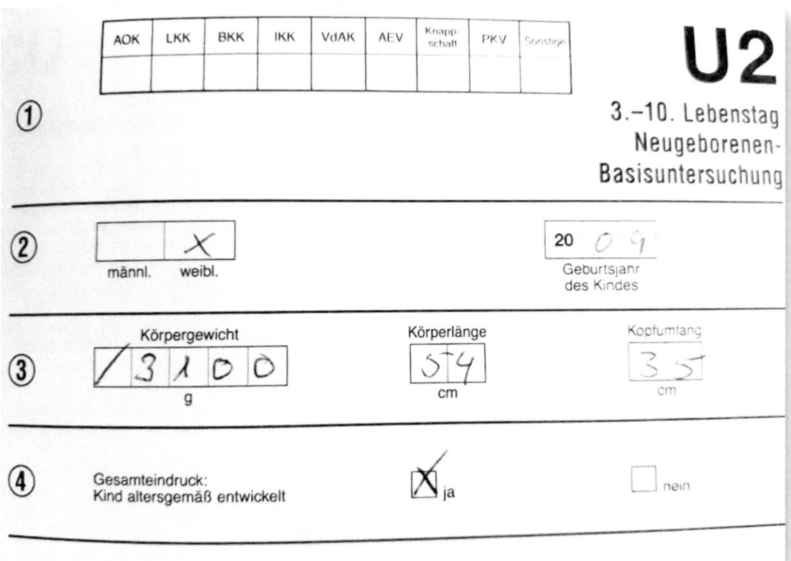

AOK	LKK	BKK	IKK	VdAK	AEV	Knapp-schaft	PKV	Sonstige

U2
3.–10. Lebenstag
Neugeborenen-
Basisuntersuchung

①

② männl. weibl. X — 20 09 Geburtsjahr des Kindes

③ Körpergewicht 3100 g — Körperlänge 54 cm — Kopfumfang 35 cm

④ Gesamteindruck: Kind altersgemäß entwickelt X ja — nein

ren. In Vorbereitung des Unterrichts können Kinder auch ihre „Geburtspässe“ zeigen und nach den dort dargestellten Größenangaben zu ihrer eigenen Person sprechen. Kinder kommen also auf die Welt und sofort werden die persönlichen Daten in Form von Größenangaben ermittelt und im Geburtspass notiert.

Oder die Kinder bringen zum Unterricht Repräsentanten mit Angaben zur Länge mit. (Sprecht mit euren Eltern, wo ihr im Haushalt Angaben zur Länge oder zum Gewicht von Gegenständen finden könnt. Bringt dazu Beispiele von Gegenständen zur nächsten Mathematikstunde mit.). Ein erstes Auswählen passender Repräsentanten zur neuen Größe (Tüten mit Masseangaben oder Längenangaben auf Kleidungsstücken, Grundrisse für Wohnungen mit Längenangaben oder Gefäße mit Angaben zu Hohlmaßen, Diskussion zu beobachteten Tätigkeiten, die im Zusammenhang mit der neuen Größe stehen…) sind ebenso eine Möglichkeit, einen Zugang zur neuen Größenart zu erleben.

Analog beschreiben die Schülerinnen und Schüler zu Beginn eines jeden Schuljahres, wo ihnen Zahlen in ihrer Umwelt begegnen und welche Ferienerlebnisse sie mit Zahlen verbinden (Entfernung des Urlaubsortes, Gewicht des Koffers, etc).

(2) Direkter Vergleich von Repräsentanten der gleichen Größe

In dieser Phase erfolgt ein erstes paarweises Vergleichen von Repräsentanten (Welcher Stab ist länger als…? Welche Tüte ist leichter als…? Was dauert länger als…?…) und ein Beschreiben des Vergleichs mit den entsprechenden Ordnungsrelationen sowie auch ein Ordnen aller Repräsentanten gleicher Größenart. Das direkte Vergleichen kann durch ein direktes Anlegen der Repräsentanten, durch ein Vergleichen auf einer Balkenwaage oder durch das Beobachten zweier gleichzeitig beginnender Vorgänge usw. erfolgen.

Analog wird die Größer- bzw. die Kleinerrelation mit natürlichen Zahlen thematisiert.

(3) Indirekter Vergleich mithilfe selbst gewählter Maßeinheiten

Der Einsatz selbst gewählter bzw. nicht standardisierter Maßeinheiten ist eher umstritten. Während bei der Länge sich die Körpermaße dazu eignen, erscheint dieses Vorgehen bei anderen Größenarten doch kaum für Grundschulkinder authentisch und auch nicht aus realen Situationen bekannt zu sein. Positiv bei diesen Vergleichen ist jedoch, dass Kinder erkennen können, dass ein und derselbe Repräsentant mit unterschiedlichen Angaben beschrieben werden kann (z. B.: Büroklammer und Wäscheklammer oder Murmel und Tennisball für nicht standardisierte Einheiten). Sie beobachten erstmals dabei die Veränderungen der „Maßzahl“ (Angabe von „kleinerer“ zur „größeren Maßeinheit“) beim indirekten Vergleichen zu ein und demselben Repräsentanten. Diese Beobachtung kann danach für das Auswählen sinnvoller standardisierter Maßeinheiten dienlich sein sowie auch beim Umrechnen dann an Bedeutung gewinnen.

(4) Indirekter Vergleich mit standardisierten Maßeinheiten

In dieser Phase könnte beim indirekten Vergleichen die erste standardisierte Einheit der Größenart im Unterricht thematisiert werden. Der Prozess erfolgt über Abstraktion (vgl. Kap. 3). Das bedeutet, dass die Kinder relevante und nichtrelevante Repräsentanten zum Vergleichen erzeugen bzw. diese von der Lehrkraft vorgegeben werden. Diese Repräsentanten können nach der jeweiligen Äquivalenzrelation untersucht werden (Klassenbildung).

BEISPIEL: Kennzeichne alle Gegenstände, die so lang wie das Tafellineal sind/die so schwer sind, wie das 1-kg-Gewicht).

So kann danach der Begriff „1 m" – „ein Meter" („1kg" – „ein Kilogramm" usw.) eingeführt werden. Viele Kinder kennen wahrscheinlich schon diese Begriffswörter aus ihrem unmittelbaren Umfeld, was nicht heißt, dass sie den Begriffsinhalt schon verstehen. Hier sind Kinder mit fehlendem Abstraktionsvermögen bzw. auch mit einem noch nicht entwickelten Invarianzverständnis für die jeweilige Größe besonders benachteiligt. Sie erkennen kaum wesentliche gemeinsame quantitative Eigenschaften der vorliegenden Repräsentanten. Eine besondere Förderung ist hier für diese Kinder notwendig, um die Entwicklung von Größenvorstellungen langfristig zu ermöglichen. Jetzt ist auch das Messen unter Nutzung verschiedener Messgeräte zur Bestimmung der Größenangabe angesagt. Erste Stützpunktwerte können sich die Kinder hier aneignen und sukzessive in ihr Größenbuch eintragen (vgl. Kap. 7). Je nach der Behandlung des Zahlenraumes werden in den nachfolgenden Klassenstufen der Grundschulzeit weitere Einheiten erarbeitet und im System zur jeweiligen Größenart verankert, sodass auch die Kinder sich nach und nach eine sogenannte Systematisierunghilfe (Merkhilfe) erstellen können (vgl. Kap. 9).

(5) Abstrahieren von Größenbegriffen an vielen Beispielen

Der Schwerpunkt dieser Phase liegt bei Übungen zum Schätzen und Messen, welche ein kontinuierlicher Übungsinhalt während der gesamten Grundschulzeit sein sollte. Immer mehr Stützpunktwerte (Merkhilfen) eignen sich die Kinder während dieser Zeit an, die auch ständig gefestigt werden sollten. Schätzstrategien (vgl. Kap. 9), wie das direkte mentale Vergleichen oder das indirekte mentale Vergleichen werden erlernt und gefestigt.

(6) Wechseln der Messbereiche, sodass sich günstige Zahlenverhältnisse (Verfeinern/Vergröbern, Umrechnen/Umwandeln in benachbarte Einheiten) ergeben

Erst wenn entsprechende Größenvorstellungen vorhanden sind, ist das Umrechnen von Größenangaben sinnvoll. Anfangs erfolgen die Umrechnungen in benachbarte Einheiten und in den nachfolgenden Klassenstufen werden zunehmend weitere Fälle behandelt. Ebenso wird jetzt unter Beachtung verschiedener Fälle das Rechnen mit Größenangaben Übungsinhalt sein, was jedoch vorwiegend beim Lösen von Sachproblemen (Modellieren im Sachrechnen) zur Anwendung kommt (vgl. Kap. 9).

Mit der Entwicklung von Größenvorstellungen sollte gleichzeitig die sprachliche Entwicklung der Kinder im Mathematikunterricht nicht unbeachtet bleiben. Die Verwendung einer gewissen Fachsprache ist für die Lehrkraft zu empfehlen, die sich die Kinder dann zunehmend über eine anfangs benutzte „Werkstattsprache" (altersgemäße Beschreibung von mathematischen Fachbegriffen) sukzessive ebenfalls aneignen können. Nachfolgende Übersicht kann dabei eine Unterstützung für die Lehrkraft sein (vgl. Franke/Ruwisch 2010, Radatz/Schipper 1983, Grassmann et. al. 2010, S. 165 f.).

Größenbereich	Repräsentanten	Ordnungs-relationen	Äquivalenz-relationen
Geldwerte	Münzen, Scheine	„… ist mehr wert als …“ „… ist weniger wert als …“	„… ist genauso viel wert wie …“
Länge	Strecken, Kettenlängen, Weglängen, Kanten, Fadenlängen, gekennzeichnete Höhen an Türen und Schränken	„… ist länger als …“ „… ist kürzer als …“	„… ist so lang wie …“ „… hat die gleiche Länge wie …“
Zeitspanne	Vorgänge wie das Schreiben einer Karte/einer WhatsApp-Nachricht, Zeitdauerangaben von Zug- und Busfahrten	„… dauert länger als …“ „… dauert kürzer als …“	„… dauert genauso lange wie …“
Masse/Gewicht	Gegenstände wie Mehl- oder Zuckertüten, Personen, Tiere	„… ist schwerer als …“ „… ist leichter als …“	„… ist genauso schwer wie …“ „… ist gleich schwer wie …“
Flächeninhalt	zweidimensionale Figuren, Zimmerfläche, Fußballfeld, gezeichnete Flächen auf dem Papier	„… hat weniger Fläche als …“ „… hat mehr Fläche als …“	„… hat die gleiche Fläche wie …“ „Fläche kann ebenso wie … zerlegt werden“ „… ist zerlegungs-gleich“
Volumina	Hohlmaße: Gefäße Rauminhalt: Körper, Würfel, Quader	„… passt mehr hinein als …“ „… passt weniger hinein als …“ „… hat mehr Rauminhalt als …“	„… ist inhaltsgleich wie …“ „… hat genauso viel Rauminhalt wie …“

6.2 LÄNGEN – MEHR ALS NUR STRECKEN AUF DEM LINEAL

Der Größenbereich *Länge* und damit die **erste Erfahrungen zum Messen** werden wie der Größenbereich *Geldwerte* sehr früh im Grundschulunterricht thematisiert. Die Länge ist für jüngere Kinder einerseits visuell vertrauter und damit erfassbarer als anderen Größenbereiche und andererseits werden zu weiteren Größen viele Beziehungen sichtbar (Länge und Zeitdauer, Skalierungen verschiedener Messgeräte wie beispielsweise Waage, Messbecher ...). Immer wieder stellen wir fest, dass gerade die Heterogenität im Vorwissen der Kinder für diese Größenart auffällig ist und deshalb auch in der Unterrichtsgestaltung besonders beachtet werden muss. So lernen Kinder aufgrund der Veränderung der eigenen Körpergröße (Messlatte im Kinderzimmer) oder beim Vergleichen dieser mit anderen Kindern schon sehr früh durch ein direktes Vergleichen, aber auch beim indirekten Vergleich durch das Messen mit einem entsprechenden Messgerät den eigentlichen Messvorgang kennen. Auch gehen Kinder mit dieser Größe um, wenn sie im Elternhaus bzw. im Kindergarten bei Gartenarbeiten und im Sportunterricht zu Messprozessen oder beim zunehmenden Online-Einkauf von Kleidungsstücken mit einbezogen werden. Dieses Vorwissen einiger Kinder darf aber nicht darüber hinwegtäuschen, dass es nicht wenige Kinder gibt, die über dieses beschriebene Vorwissen nicht verfügen und im Verlaufe ihrer Grundschulzeit nur ein geringes Längen- und Messverständnis sowie auch nur unterdurchschnittliche Fähigkeiten im Hinblick auf erworbene Größenvorstellungen besitzen.

Die vorhandenen Erfahrungen der Grundschulkinder zur Länge sollten zum Aufbau eines strukturierten Wissens, wie das direkte und indirekte Vergleichen, einem Verständnis für die Skalierung und den Vollzug des Messvorgangs mit konventionellen Messgeräten sowie für die sinnvolle Verwendung standardisierter Einheiten, unbedingt genutzt werden.

Es wird in der Literatur immer wieder empfohlen, dass Grundschulkinder die Länge entsprechender Repräsentanten von Anfang an mit den konventionellen Messgeräten und damit mit standardisierten Maßeinheiten bestimmen können und auch sollten. Das kann akzeptiert werden. Aber auch das Messen von Längen mittels nicht standardisierter Maßeinheiten mithilfe der eigenen Körpermaße wie Handspanne, Fingerbreite, Daumenbreite, Elle, Fuß- und Schrittlänge sind ein Baustein für die zu entwickelnde Messkompetenz bzw. es können damit schon erste individuelle Stützpunktwerte erworben werden. Dafür sind nicht einfach nur historisch-genetische Aspekte ausschlaggebend, sondern Kinder erleben so das Messen mit diesen „Messgeräten“ (Körpermaßen), die sie ja immer und ständig bei sich haben und sofort nutzen können.

Wenn die Kinder dabei beobachten, dass die Länge des Zimmers wohl eher mit Schritten, aber zur Bestimmung der Tischbreite wohl doch die Daumenbreite oder Handspanne sinnvoll sind, kann diese Beobachtung zu ersten Verallgemeinerungen hinsichtlich der Beziehung von Zahlenwert und Einheit dienen. Diese Erkenntnis ist dann für das spätere Umwandeln von Größenangaben von Bedeutung. Ebenso sind nicht standardisierte Messwerkzeuge wie Papierstreifen, Holzstäbe oder Wollfäden für das Vergleichen von Repräsentanten nach ihrer Länge dienlich. Beispielsweise können diese zur Einführung der ersten Einheiten (1 m, 1 cm) bei der Führung des Abstraktionsprozesses und damit zur Begriffsbildung sinnvoll sein:

BEISPIEL: Alle Gegenstände, die so lang sind wie der rote Streifen, sind einen Meter lang.

Ein Praxistipp (Klasse 1 und 2):

Jedes Kind der Klasse stellt sich mit einem Partner im Klassenraum auf. Das eine Kind misst bei seinem Partner oder seiner Partnerin, beispielsweise mit dem Tafellineal, am Oberkörper (von den Füßen an gemessen) die Länge 1 Meter ab. An diese Stelle kommt ein kleiner Klebepunkt. Diesen Punkt sollten die Kinder über einen längeren Zeitpunkt an der Kleidung tragen. So werden sie im Alltag selbst zum Messgerät und können durch direkten Vergleich entscheiden, ob etwas länger oder kürzer als ein Meter ist. Ist der Punkt vom Vortag nicht mehr da (weil beispielsweise das Oberteil gewechselt wurde), sollten die Kinder schätzen, wo sie den Klebepunkt hinkleben würden. Kontrolliert wird mit dem Tafellineal oder mithilfe des Klebepunktes eines anderen Kindes.
Fragen Sie Ihre Schülerinnen und Schüler nach einem Jahr nochmal, wo denn ihr Klebepunkt immer gesessen hat. Sehr schnell wird hier auf die entsprechende Stelle gezeigt. Misst man nach, stellt man aber fest, dass die Kinder meist zu hoch zeigen. Sehr schnell finden sie heraus, dass das daran liegt, dass sie in dem Jahr gewachsen sind. Diese Feststellung kann dann noch Ausgangspunkt für weitere fruchtbare Gespräche sein sowie den Kindern als Stützpunktwert zu Längen dienen.

Eine weitere Besonderheit der Länge wird durch die Dreidimensionalität von Körpern sichtbar. Die Kinder erleben, dass die Länge, Breite und Höhe von Gegenständen mit Maßeinheiten der Länge angegeben und mit den dafür typischen Messgeräten bestimmt werden. Die Beschreibung der Relationen der Länge ist also nicht nur auf „… ist länger als …/… ist kürzer als …" beschränkt, sondern sie umfasst auch beispielsweise Realationsbegriffe wie zu hoch/zu niedrig, zu klein/zu groß, zu weit/zu nah, zu dick/zu dünn, zu schmal/zu breit usw.

Obwohl Nührenbörger die didaktische Stufenfolge als einen kleinschrittigen, formalisierten und nach Schwierigkeiten isolierten Lehrgang, der die Lernvoraussetzungen der Kinder zu wenig beachtet, sehr kritisch beleuchtet (vgl. Nührenbörger, 2002, S. 95–98), kann diese Vorgehensweise für Kinder mit fehlenden Vorkenntnissen gerade aufgrund der strukturierten Arbeitsweise eine Unterstützung für die Entwicklung einer angestrebten Messkompetenz bedeuten und aufgrund unserer momentanen Beobachtungen durchaus sinnvoll sein. Noch einmal kann nur betont werden, dass auf keinen Fall die einzelnen Phasen der didaktischen Stufenfolge formal und als Dogma für alle Kinder der Klasse betrachtet werden sollte, sondern ein differenziertes Vorgehen im Unterricht vorausgesetzt wird.

Kopiervorlage 3 – **Lernausgangsanalyse: Was weiß ich schon über die Länge?**

Bei Kindern mit geringen Lernvoraussetzungen kann auch ein Invarianztest zur Länge Aufschluss für die nachfolgende Unterrichtsgestaltung ergeben (vgl. Kap. 3).

Die Lehrkraft kann damit in Erfahrung bringen, ob das jeweilige Kind die Konstanz der Quantität der Länge gegenüber der qualitativen Veränderung erkennt und in der Lage ist, seine Aussage mit entsprechenden Argumenten auch zu begründen (Identität, Kompensation, Reversibilität, vgl. S. 88).

Die Besonderheit der Länge, die sich u. a. auch in den Beziehungen zu anderen Größenbereichen und vor allem im Vollziehen des Messvorganges zeigt, beschreibt Lorenz als „… ein Denkformat, denn Zeitspannen und Zahlbeziehungen werden von uns auch als Längen gedacht." Er betont, dass das Messen im Gegensatz zur Behandlung der Geldwerte mit aktiven Handlungen verbunden sei. Obwohl der Beginn des Messens von Längen mit den eigenen Körpermaßen in der Literatur unterschiedlich diskutiert wird, hebt auch Lorenz dies als sinnvolle Tätigkeit der Behandlung von Länge hervor (vgl. Lorenz 2005, S. 4 ff.).

6.3 GEWICHTE (MASSE) – „ALLES AUF DER WELT WIEGT WAS!“

Schulbücher nutzen die Begriffe „Gewicht“ bzw. „Masse“ recht unterschiedlich. Der Begriff „Gewicht“ wird jedoch als eine im täglichen Leben, vor allem im Handel, übliche Angabe für die Masse von Gegenständen verwendet. Der Einsatz von Bügel- oder Tafelwaagen mit entsprechenden Wägestücken (umgangssprachlich Gewichten) zu Beginn der Behandlung der Größenart ermöglicht einen Massevergleich, da bei den beiden Waagschalen die gleiche Erdanziehungskraft wirkt und eben an jedem Ort der Welt gleich ist. Die Masse ist also ortsunabhängig. Die Basiseinheit der Masse ist 1 kg. Abgeleitete Einheiten sind Tonne, Dezitonne, Kilogramm, Gramm und Milligramm.

Das ist beim Gewicht (Maßeinheit: „ein Newton/1 N“) und damit auch bei allen anderen Waagen (Küchenwaage, Federwaage, Personenwaage usw.) anders. Das Gewicht ist eine Kraft, die von der Erdanziehung bestimmt wird, also ortsabhängig ist. Aber die genannten Waagen haben eine Skala und sind so für Kilogramm und Gramm geeicht (weil bei uns die Erdanziehungskraft gleich ist und somit keine Bedeutung zur Bestimmung der Masse besitzt). Wenn zwei Körper am gleichen Ort die gleiche Gewichtskraft aufweisen, haben sie die gleiche Masse. Diese Aussage nutzen wir, wenn wir im Weiteren vom Gewicht und weniger von der Masse sprechen.

Verschiedene Begriffswörter, die in den Augen der Grundschulkinder zu ein und derselben Größenart gehören, verwirren sie eher. Im späteren Physikunterricht lernen die Kinder den Unterschied zwischen Masse und Gewicht genauer kennen, obwohl sie vielleicht schon in den Medien beobachtet und gehört haben, dass die Astronauten im Weltall leichter sind; sie schweben durch die Raumkapsel und vielleicht können die Kinder auf die Frage nach dem „Warum ist das so?“ mit der Lehrkraft eine Antwort finden. Jede Lehrkraft muss für sich entscheiden, wie korrekt sie mit der Begrifflichkeit umgeht.

Nachdenken sollte man eher darüber, wann Kinder mit der sogenannten Größe „Gewicht“ konfrontiert werden. In der Regel wird das „Gewicht“ in der 3. Jahrgangsstufe behandelt. Zum einen wird für eine frühere Behandlung der noch nicht im Unterricht thematisierte Zahlenraum bis 1 000 und darüber hinaus und zum anderen die fehlende Invarianz zur Erhaltung des Gewichts, die nach Piaget erst mit 9/10 Jahren möglich sei, als Begründung genannt. Kinder kommen jedoch sehr früh mit dieser Größenart in ihrem Umfeld in Berührung, was allerdings weniger bewusst abläuft und über vorhandenes Wissen täuschen kann. Vorteile für ein entsprechendes Gewichtsverständnis haben jedoch wiederum die Kinder, die im Elternhaus Erfahrungen gesammelt haben: Backen, Kochen, Einkaufen, Tragen von Gegenständen (Schulmappe, Sportrucksack, Höchstgewicht des Koffers für das Flugzeug u. a. m.). Deshalb können sie sich schon sehr früh mit dem Wiegen, dem direkten und indirekten Vergleichen ohne und mit einer Bügel- bzw. Balkenwaage befassen. Das Bauen einer „Kleiderbügelwaage“ können wir an dieser Stelle nur empfehlen. Es kann schon ab Jahrgangsstufe 2, entsprechend des behandelten Zahlenraumes, mit den Einheiten „1 kg“ und auch „1 g“ (und deren ganzzahligen Vielfachen) beim Messen des Gewichts gearbeitet werden, was auch sicherlich dem Interesse der Kinder entsprechen wird. Für eine frühe Behandlung des Gewichts sprechen sich auch Schipper u. a. aus (vgl. SCHIPPER ET. AL. 2017, S. 273). Umrechnungen sind dann natürlich aufgrund der erweiterten Zahlenräume erst für die nachfolgenden Schuljahre relevant. Erste Stützpunktwerte sind wie bei allen Größenarten auch hier für die Entwicklung von Größenvorstellungen dienlich. Diese erweisen sich nicht nur bei Kindern, sondern auch bei Erwachsenen als problematisch. Das liegt vor allem daran, dass das Gewicht nicht mit bloßem Auge wahrgenommen werden kann. Große Gegenstände können leichter sein als kleinere. Gleich große Gegenstände können jedoch auch ein unterschiedliches Gewicht aufweisen. Wir wissen also, dass visuelle Wahrnehmung für das Gewicht nicht möglich ist, jedoch können die Repräsentanten visuell wahrgenommen werden, was allerdings auch zu typischen Fehleinschätzungen führen kann (Federkopfkissen versus Wägestück 1 kg, eine Tüte Sägespäne versus eine Tüte Zucker, Apfel versus Mathematikbuch). Fehleranfällig zeigt sich eben auch das direkte Vergleichen mit der sogenannten „Handwaage“ (vgl. nachfolgenden Praxistipp).

Deshalb sind Messübungen zum Erkunden dieser Erkenntnis von Anfang an sehr wichtig.

Was kann dabei helfen?

Ein Praxistipp (Klasse 2):

Zwei Kinder füllen jeweils ein Paar gleich große Joghurtbecher mit gleich viel Sand und überprüfen das Gleichgewicht mit einer Waage. Danach werden die Becher fest verschlossen. Weitere Becherpaare werden ebenso mit Sand gefüllt, aber müssen sich paarweise im Gewicht unterscheiden.

Diese Paare werden anschließend ungeordnet den anderen Kindern der Klasse zur Verfügung gestellt, die dann die jeweiligen Becherpaare mit gleichem Gewicht durch einen direkten Vergleich ermitteln müssen. Das Gleichgewicht dieser Paare wird mit einer Balken-, Bügel- oder Tellerwaage überprüft und anschließend werden sie geordnet paarweise zusammengestellt. Man kann dieses Vergleichen natürlich auch als Memory mit den Kindern spielen (Wer findet die meisten zusammengehörenden Paare?).

Für dieses Arbeiten können auch gleich große Gläser (mit Silberfolie ausgeschlagen) oder die Behälter von Überraschungseiern genutzt werden.

Ebenso können Gefäße mit unterschiedlicher Größe so mit Sand gefüllt werden, dass diese letztendlich paarweise gleich schwer sind.

Auch wenn die Kinder in dem oben genannten Praxisbeispiel ihre Aufgabe gut gelöst haben, bleibt es dennoch für viele eine Hürde zu erkennen, was schwerer und was leichter ist, obwohl sie die Gegenstände noch in die Hand nehmen können.

Auf jeden Fall ist auch beim „Gewicht“ das Ermitteln der Lernvoraussetzungen (vgl. KV 5) wichtig. Diese könnte die Lehrkraft auch wieder bei dem einen oder anderen Kind mit einem

Invarianztest vervollständigen. Sind die Maßeinheiten 1 kg und 1 g eingeführt, können die Kinder sukzessive wichtige Eigenschaften und weitere ermittelte Stützpunktwerte nach einer gewissen Festigung im Größenbuch (vgl. Kap. 7) festhalten und für Schätzübungen nutzen. Dazu kann sich jede bietende Gelegenheit eignen. Eine günstige Voraussetzung dafür ist das Vorhandensein einer Waage im Klassenraum. Hat das Kind beispielsweise einen Apfel oder ein Ei oder sein Frühstückspaket gerade auf den Tisch gepackt, kann es zum Schätzen und natürlich auch zum Überprüfen seines Frühstücks mittels dieser Waage angeregt werden. Besonders günstig ist es, wenn der Klassenraum, wie schon an anderer Stelle beschrieben, als eine Art Lernwerkstatt angesehen wird. So können Kinder gemeinsam mit der Lehrkraft für jede Größenart stets eine Ausstellung (z. B. „Kilogramm-Museum") aufbauen. Eine solche Lernumgebung regt dann alle zum Schätzen und Messen an. Eine Dokumentation der Schätzergebnisse wie für „Mein Schätzdiplom" kann sich dabei als sinnvoll erweisen.

Kopiervorlage 4 –
Entwicklung von Größenvorstellungen: Mein Schätzdiplom

Wie kann das aussehen?

Klassenraum mit Gewichtsausstellung:

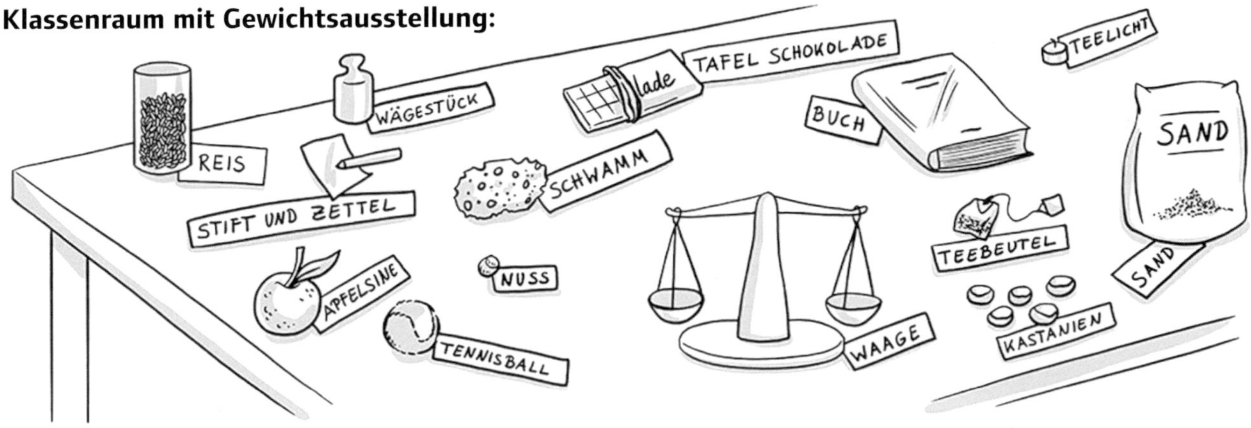

Wie kann die Arbeit mit der Ausstellung gestaltet werden?

Die Ausstellung kann im jeweiligen Klassenraum oder auch, wenn es brandschutztechnisch möglich ist, vor dem Klassenraum aufgebaut werden. Im letzteren Falle könnten sich auch die Kinder anderer Klassen daran beteiligen. Für das Ausstellen von Repräsentanten sind ein Tisch oder ein Regal oder ein breites Fensterbrett geeignet. Jedes Kind bringt mindestens einen Gegenstand mit, der auf den Ausstellungstisch gelegt wird. Jedem Gegenstand wird ein Zettel mit dem Namen des Gegenstandes zugeordnet. Außerdem bereitet die Lehrkraft entsprechende Arbeitsblätter vor (vgl. KV 4). Eine Waage zur Überprüfung des Schätzwertes steht den Kindern auch zur Verfügung. Die Kinder schätzen und überprüfen nach und nach das Gewicht der Gegenstände aus der Ausstellung. Wenn sie alle Gegenstände geschätzt, gewogen und ihre Schätzleistung selbst bewertet haben, wird dann zu einem mit der Lehrkraft verabredeten Zeitpunkt die Schätzleistung gemeinsam ausgewertet. Die Gegenstände auf dem Ausstellungstisch können immer mal wieder ausgewechselt werden, sodass sich keine temporäre, sondern eine Dauerausstellung in dem Schuljahr entwickelt. Diese kann dann auch für andere Größenbereiche erweitert werden (Repräsentanten und Messgeräte).

Was sollte mit diesen Ausstellungen bezweckt werden?

Zum einen verstärken Kinder ihre Mess- und Schätzkompetenz, indem sie immer wieder die erlernten Schätzmethoden (direktes und indirektes mentales Vergleichen) sowie die Kernideen des Messens (vgl. Kap. 4 und 8) beim Überprüfen neuer Repräsentanten kommentieren und anwenden. Zum anderen erweitern sie gleichzeitig ihr Repertoire an Stützpunktwerten. Letzteres bedeutet, Wissen zu Repräsentanten für 1 kg und deren Vielfachen (ebenso bei den anderen Maßeinheiten) für täglich handhabbare Gegenstände zu ermitteln. Trotz einer intensiven Schätz- und Messtätigkeit können sich immer wieder beim Arbeiten mit dem Gewicht Probleme zeigen, weil die Händigkeit und das Spüren des Druckes bei kleiner oder größerer Auflagefläche der Hand den Schätzprozess doch erheblich beeinflussen und im nachfolgenden Praxistipp selbst entdecken können.

Ein Praxistipp (Klasse 1–4):

Das Schätzen von Gewicht ist sehr fehleranfällig, weil hier viele Faktoren eine Rolle spielen. Gezielte Schätzübungen in diesem Größenbereich führen daher den Kindern sehr gut vor Augen, dass es standardisierter Messverfahren bedarf. Drei Schätzübungen liefern unserer Erfahrung nach besonders viele Anlässe, um mit den Schülerinnen und Schülern über das Messen und Schätzen von Gewicht ins Gespräch zu kommen.
Fordern Sie Ihre Schülerinnen und Schüler dazu auf, sich mit ausgestreckten Armen, nach oben gerichteten Handflächen und geschlossenen Augen hinzustellen.

1. Auf die eine Handfläche wird ein DIN-A4-Blatt gelegt und auf die andere Handfläche eine 1-Cent-Münze. Die Münze wird von den Kindern als schwerer wahrgenommen, weil sich die Masse der Münze auf einen kleineren Punkt auf der Haut konzentriert. Wiegt man das DIN-A4-Blatt und die Münze anschließend mit einer Feinwaage (Briefwaage), so stellt man fest, dass das DIN-A4-Blatt schwerer ist. Bei der Handwaage ist der Druck (Kraft pro Fläche) entscheidend. Deshalb wird ein DIN-A4-Blatt leichter als eine 1-Cent-Münze empfunden.
2. Dieses Phänomen wird mit folgender Schätzübung noch weiter aufgewertet. Auf die eine Handfläche wird ein DIN-A4-Blatt gelegt und auf die andere Handfläche ein maximal klein gefaltetes DIN-A4-Blatt. Den meisten Kindern kommt das gefaltete Papier schwerer vor.
3. Legen Sie jeweils einen Gegenstand auf eine Handfläche. Der Gewichtsunterschied sollte minimal sein. Nach der Schätzung und dem Nachwiegen legen Sie die gleichen Gegenstände auf die jeweils andere Handfläche. Aufgrund der Händigkeit kommt es hier oft vor, dass nun plötzlich der andere Gegenstand als schwerer eingeschätzt wird.

Franke/Ruwisch (vgl. FRANKE/RUWISCH 2010, S. 210) verweisen darauf, dass nur ein kleines Spektrum des Gewichts in der Umwelt des Menschen und Gewichtsunterschiede nur von mehr als 2 % wahrgenommen werden. Das würde bei Gegenständen von etwa 10 kg bedeuten, dass ein Unterschied von mehr als 200 g spürbar wäre.

Vorstellungen zu Angaben mit mehr als 10 kg sowie von Gegenständen mit Größenangaben in Tonnen/Dezitonnen können vom Grundschulkind nicht getragen und damit auch nicht direkt oder indirekt mental mit Stützwerten für die Angabe eines Schätzwertes, wie es für die Länge möglich ist, angegeben werden. Es müssen dazu Kenntnisse zu diesen Gegenständen hinsichtlich ihres Gewichtes aufgrund von möglichen Messprozessen mit bekannten Repräsentanten erworben und eingeprägt werden.

Wie kann das gehen?

Praxistipp (Klasse 3/4):

Die Kinder einer Klasse, die ihr Körpergewicht angeben wollen, messen dieses mit einer Personenwaage und erstellen dazu eine Häufigkeitstabelle unter Nutzung einer Strichliste. Ein Beispiel dazu könnte so dargestellt werden:

Gewicht	Anzahl der Kinder	Gewicht der Kinder
etwa 30 kg	卌 II	
etwa 35 kg	卌 IIII	
etwa 40 kg	卌 卌 II	

Sie vervollständigen die Tabelle, indem sie zuerst das Gesamtgewicht jeder Gruppe und anschließend das Gewicht aller Kinder rechnerisch ermitteln. Anschließend bearbeiten sie die nachfolgenden Erkundungsaufgaben, indem sie das Körpergewicht eines Kindes als eine Art Stützpunktwert nutzen.

1. Erkundet, wie viele Kinder etwa so schwer wie eine Tonne (eine Dezitonne) sind.
2. Erkundet in Büchern oder im Internet, wie schwer große Tiere und Fahrzeuge sind.
3. Erkundet, wie viele Kinder so schwer sind wie ein Eisbär (Elefant, Nashorn, Pferd ...).
4. Erkundet, wie viele Kinder so schwer sind wie ein Auto (Motorrad, Bus ...).

Diese Vergleiche können sowohl mit dem Körpergewicht der Kinder als auch mit Gegenständen, die sie noch tragen können und deren Gewicht sie über den Messprozess ermitteln, vorgenommen werden.

Für die gesamte Behandlung der Größenart Gewicht muss die Lehrkraft anhand der Lernausgangsanalyse (KV 5) entscheiden, ob und wie die didaktische Stufenfolge in ihrer jeweiligen Klasse Anwendung finden kann. Auch hier ist für Kinder mit geringen Voraussetzungen der Einsatz zu empfehlen. Wobei die Stufen (1) bis (4) (vgl. Kap. 6.1) für die Klassenstufen 2/3 (wie oben beschrieben) relevant sein können. Ziel dieser vier Phasen sollte die Entwicklung von Größenvorstellungen zum Gewicht sein. Weitere Einheiten werden dann in Klasse 4 eingeführt, sodass nun auch an der Ausbildung von Können im Umrechnen und Rechnen (g/kg, kg/t, t/dt, dt/kg, mg/g) gearbeitet werden kann (vgl. Kap. 9).

Mit zunehmendem Wissen und entsprechenden Fähigkeiten im Umgang mit der Größe Gewicht kann auch ein Erforschen historischer Fakten empfohlen werden. Dazu zählen alte Maßeinheiten, die dann sicherlich beim Sachrechnen sehr interessant für die Kinder sind. So können sie auch aufgefordert werden, sich auf die Spur alter Maße zu begeben. Oft fällt ihnen so etwas bei Reisen oder bei einem Besuch im Museum auf.[3] Ebenso ist die Frage für Kinder spannend: „Woher kommen denn die Maßeinheiten? Wer hat sie festgelegt?“ (vgl. Kap. 3).[4]

Kopiervorlage 5 – **Lernausgangsanalyse: Was weiß ich schon über das Gewicht?**

Kopiervorlage 6 – **Invarianztest Gewicht: Sind die Knetfiguren gleich schwer?**

Vergleichen die Kinder die Größenart Geld und Gewicht miteinander, so stellen sie eine Gemeinsamkeit fest: Die Stückelung bei Münzen und Scheinen des Geldes (1 ct, 2 ct, 5 ct, 10 ct, 20 ct, 50 ct ...) und bei Wägestücken zur Angabe des Gewichts sind identisch (1 g, 2 g, 5 g, 10 g, 20 g, 50 g, 100 g ...). Warum ist das so? Darüber kann mit den Kindern diskutiert werden.

---

3 Folgende Angaben wurden von Kindern in einer Mühle, Nähe des Schlosses Neuhardenberg gefunden: Pfund → 553,592 g rund 500 g, Scheffel/ein Scheffel Weizen → 42,15 kg, ein Zentner → 110 Pfund, etwa 50 kg, ein Wispel → 24 Scheffel Weizen).

4 Beispiel zur Veränderung des Urkilogramms:
1. In Paris: Urgewicht aus Platin,1860; 2. „Urkilogramm“ Masse eines 1-Kubikdezimeter-Würfels mit reinem destilliertem Wasser, 3. 1889 Platin-Iridium-Zylinder; 4. In einer Nachricht der Berliner Morgenpost vom 29.01.2018 stand, dass die Ablösung des Prototyps eines Kilogramms durch eine hochreine Siliziumkugel mit dem Durchmesser von 9,4 cm erfolgte, das Standardgewicht sei dazu in Braunschweig entwickelt worden.

6.4 ZEITSPANNEN – 16.20 UHR + 18.10 UHR = 34.30 UHR?

Die Arbeit mit der Größe *Zeit* wird in der Regel in Klassenstufe 2 begonnen. Aber auch hier kann man mit dem Ablesen der Analoguhr früher beginnen. Sinnvoll ist, die Eltern dafür mit ins Boot zu holen.

Auch diese Größe hat ihre Besonderheiten gegenüber anderer Größenarten und damit auch ihre spezifischen Probleme für Kinder (vgl. Ruwisch 2007, S. 42/43). Fragt man, Erwachsene nicht ausgenommen, was unter Zeit zu verstehen ist, wird entweder mit einem Zeitpunkt diese Frage beantwortet oder eine Beziehung wie 1 h sind 60 min genannt. Kaum jemand beschreibt die Zeit als Dauer eines Vorganges. Kinder erkennen oftmals keinen Unterschied zwischen Zeitpunkt- und Zeitdauerbestimmung, wie das kleine Beispiel in der Abschnittsüberschrift ein wenig überspitzt andeuten mag. Sie müssen aber erfahren, dass nur die Zeitdauer bzw. die Zeitspannen den Größenbereich abbilden und Zeitpunkte zu einem Skalenbereich gehören. Um diesen Sachverhalt zu bekräftigen, hilft das Argument, dass man mit Zeitdauer-Angaben addieren, subtrahieren, vervielfachen und teilen kann. Mit dem Zeitpunkt ist das nicht möglich. Beim Vervielfachen und Teilen muss jedoch wieder beachtet werden, dass das nicht mit zwei Zeitdauerangaben geschieht.

Kopiervorlage 7 – **Entwicklung von Zeitvorstellungen: Arbeiten mit der Zeitdose**

Weitere Probleme für jüngere Schulkinder ergeben sich aus der Abstraktheit des Zeitbegriffes (Zeit kann weder gesehen noch angefasst werden). Außerdem fehlt den Grundschulkindern einerseits ein Verständnis für die Unendlichkeit des Zeitbegriffes (lineare Betrachtung beim Zeitstrahl) und andererseits ist die Lebensdauer von Mensch und Tier endlich, weil es eben einen Anfang und ein Ende gibt.

Während man einen Gegenstand immer wieder nach seiner Länge oder seinem Gewicht messen kann, ist ein zu messender Vorgang niemals unter gleichen Bedingungen wiederholbar. Ein jeder Vorgang ist einmalig. Ein direktes Vergleichen von Vorgängen nach ihrer Zeitdauer wäre demnach nur machbar, wenn die Vorgänge zur gleichen Zeit beginnen oder enden.

Messen der Zeitdauer geschieht über ein Vergleichen zweier Vorgänge wie die Bewegung des großen oder kleinen Zeigers einer Uhr und die dabei ablaufende Tätigkeit wie beispielsweise das Zähneputzen oder Schreiben eines Textes oder der Verlauf einer Unterrichtsstunde.

Wir stellen auch immer wieder fest, dass sich die Fähigkeiten beim Ablesen des Zeitpunktes an einer Analoguhr zeitlich sukzessive mehr nach hinten verschieben. Bei nur wenigen Kindern sieht man wie früher eine Analoguhr am Arm. Kinder nutzen meistens digitale Anzeigen am Handy bzw. nutzen Uhren mit Digitalanzeige.

Deshalb ergibt sich auch zunehmend die Frage: Ist das Ablesen der Analoguhr weiterhin sinnvoll? Unterstützend für das Ablesen kann sein, wenn im Klassenraum eine große Analoguhr an der Wand hängt, die so oft wie möglich täglich zum Ablesen der Uhrzeit genutzt wird. Wichtig jedoch ist beim Ablesen der Zeit (egal, an welcher Uhr), dass die Kinder mit dem abgelesenen Zeitpunkt etwas anfangen und sich auch sprachlich dazu äußern können (Was bedeuten Dreiviertel vier oder 15.45 Uhr oder ein Viertel vor vier?). Allerdings wirft das eine weitere Frage auf. Bisher beschreiben wir beispielsweise eine Stunde mit der Zeit, die vergeht, wenn der große Zeiger das gesamte Ziffernblatt durchläuft. Wie beschreiben wir dann eine Stunde auf der Digitaluhr? Dieser Vorgang ist nicht zu beobachten, sondern nur das Verändern der Maßzahl wird sichtbar.

Am Zifferblatt der Analoguhr geben uns der große und der kleine Zeiger den Zeitpunkt an. Ebenso sind an der Digitaluhr, dem Handy, dem Computer und am Kalender die Zeitpunkte abzulesen. Für das Bestimmen der Zeitdauer sollten auch Zeitmesser wie eine Sanduhr (Kerzenuhr, Öluhr, Wasseruhr) oder auch ein Pendel dienen. Hier sieht man deutlich, wie ein Vorgang (Durchlaufen des Sandes von einem zum anderen Becher) mit einem anderen Vorgang verglichen wird (Kochdauer der Frühstückseier). Eine solche Beobachtung ist für das Entwickeln des Zeitverständnisses positiv hervorzuheben.

Deshalb sollte auf das Bauen von Uhren (und nicht nur das Erstellen eines Pappmodells für die Analoguhr) großer Wert gelegt werden. Dafür sprechen vor allem auch die zunehmend auffälligen Defizite in der Feinmotorik der Kinder. Dennoch kann man bei diesen Arbeiten immer wieder begeisterte Kinder erleben, denn das Arbeiten mit einer selbst erstellten Uhr ist motivierender als immer nur das Abarbeiten eines Arbeitsblattes oder das Einstellen einer Pappuhr.

Wann kann das im Unterricht erfolgen?

Praxistipp (Klasse 2 und 3):

Stellen Sie für die Kinder eine Lernumgebung zum Bauen von Uhren bereit. Zwei bis drei Kinder können jeweils ein Uhrenmodell bauen. Anschließend können die Kinder in den Gruppen feststellen, wie lange es dauert, bis der Sand (das Wasser) einmal durchgelaufen ist. Dann kann diese Zeitdauer auf der Uhr notiert werden (z. B.: 2 min-Uhr).

Nach einer Diskussionsrunde zum Bau und zur Funktion der Uhren kann anschließend mit diesen selbst gebauten Messgeräten gearbeitet werden.

Jeder von uns kennt das subjektive Zeitempfinden bei realer Messung der Zeitdauer, was sich erst recht problematisch beim Schätzen der Zeitdauer von Vorgängen auswirkt. Fünf Minuten beim Zahnarzt sitzen und fünf Minuten mit einem lieben Freund reden, empfindet jeder von uns als eine unterschiedliche Zeitspanne. Das bedeutet ein erschwertes Entwickeln von Größenvorstellungen. Welche Stützpunktwerte kann man zum Schätzen verwenden? Das Repertoire dazu ist doch recht eingeschränkt. Jeder von uns hat ganz individuelle Zeitdauererfahrungen gemacht (z. B. 1 s $\mapsto$ ein Atemzug; von 21 bis 60 zählen, vergeht 1 min; 15 Minuten für einen Kilometer Wegstrecke). Zeitdauerangaben aus dem Sportunterricht sowie Stützpunktwerte zu selbst erfahrenen Zeitspannen werden in der Regel mit der Länge in Beziehung gesetzt, die sich die Kinder dann auch so einprägen (z. B. Zeitdauer für den 60-m-Lauf). Aber selbst die eingeprägten Stützpunktwerte unterliegen doch mitunter einem subjektiven Empfinden.

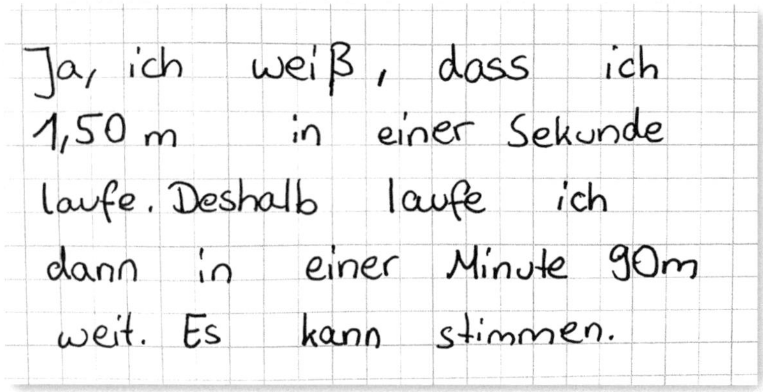
Ja, ich weiß, dass ich 1,50 m in einer Sekunde laufe. Deshalb laufe ich dann in einer Minute 90m weit. Es kann stimmen.

Stützpunktwerte zu beschriebenen Geschwindigkeitsangaben werden zum Schätzen der Zeitdauer von Kindern wie beispielsweise von Clara bei der Aufgabe: „Kann es stimmen, dass man in einer Minute 100 000 mm weit gehen kann?" genutzt.

Clara hat wahrscheinlich weniger eine mentale Vorstellung zu einer Sekunde, sondern nutzte ihre Vorstellungen und Beziehungen zur Länge von 1,50 m, um zu ermitteln, welche Strecke sie in einer Minute läuft. Dabei ist davon auszugehen, dass Clara vorher 100 000 mm in Meter umgerechnet hat und 90 m angenähert 100 m sind, also auch Sicherheit im Umgang mit Näherungswerten besteht. Diese Strategie ist für die Entwicklung von Größenvorstellungen doch recht sinnvoll.

Fazit: Ein frühes Betrachten von Beziehungen der Zeit zu anderen Größenarten (Zeitdauer/ Länge bzw. Geschwindigkeit) unterstützt wieder die Schulung von Größenvorstellungen (Wie lange benötige ich für eine Strecke von drei Kilometern?).

Kopiervorlage 8 – Entwicklung von Zeitdauervorstellungen: Zeitstreifen in meiner Familie

Wenn wir bisher dafür plädieren, dass Größenvorstellungen ein gutes Fundament für das Umrechnen und Rechnen von Größenangaben bilden, ergeben sich bei der Zeit noch weitere Besonderheiten, da die Beziehungen der Einheiten zueinander nicht wie bei anderen Größenarten dekadisch dargestellt werden (1 h = 60 min, 1 min = 60 s, 1 d = 24 h, eine Woche = 7 Tage, 1 Monat = 4 Wochen, 1 Jahr = 365 Tage) und über längere Zeiträume auch nur schwer vorstellbar sind. Auch hier können Längenbeziehungen wieder unterstützend wirken und mit dem Sachrechnen eng verbunden werden (vgl. Zeitdose).

Für die Größe *Zeit* gibt es nicht nur unterschiedliche zeitliche Strukturierungen, sondern es existieren auch völlig unterschiedliche Messgeräte wie Uhren und Kalender. Beide Messgeräte spielen von Anfang an im Grundschulunterricht eine große Rolle. Für die Behandlung des Kalenders kann wie bei der Länge, dem Gewicht und der Uhrzeit der eigene Geburtstag als Ausgangssituation genutzt werden. Für die Darstellung des Datums zeigen sich auch unterschiedliche Voraussetzungen. Lehrkräfte schildern immer wieder, dass nicht wenige Kinder im 2. Schuljahr noch immer nicht ihren Geburtstag nennen können.

Einem ansonsten recht pfiffigen Zweitklässler, der immer auf die Frage nach seinem Geburtstag antwortete, dass er im Sommer Geburtstag habe, schrieb die Mutter das gesamte Geburtsdatum auf den rechten Unterarm. Die Mutter schilderte siegesbewusst, dass ab sofort der Geburtstag genannt werden konnte und nicht mehr vergessen wurde.

Günstig erweist sich auch, wenn neben der Uhr im Klassenraum ein (Abreiß)kalender hängt und an jedem Tag ein Kind das Kalenderblatt abreißt und vor der Klasse das Datum, den Wochentag, den Tag davor und danach (oder welche Tage noch bis zum nächsten Sonntag folgen) und das Jahr nennt. Dazu können auch alle Kinder der Klasse einbezogen werden. Im Ergebnis dieser täglichen Übung zu Unterrichtsbeginn können die Kinder auch als Ritual die Arbeit im Heft mit dem Datum beginnen. Wenn Ferien sind, kann danach festgestellt werden, wie viele Tage, wie viele Wochen bzw. Monate vergangen sind.

Dieses Ritual hilft dann beim weiteren Erwerb von Kenntnissen zum Kalender. Hier ist ein enger Verbund mit dem Sachunterricht zu nutzen.

Wie kann das gehen?

Praxistipp (Klasse 1/2):

Erstellen Sie mit großen Holzperlen (z. B. 353 helle und 12 dunkle Perlen) eine Jahreskette (für den letzten Tag des Monats wählt man immer eine dunkle Perle).
Die Kette wird dann als großer Jahreskreis auf den Boden gelegt.

Die Kinder müssen dazu die Anzahl der Monate und der Tage für jeden Monat erkunden und entsprechend die passende Anzahl Perlen auffädeln.

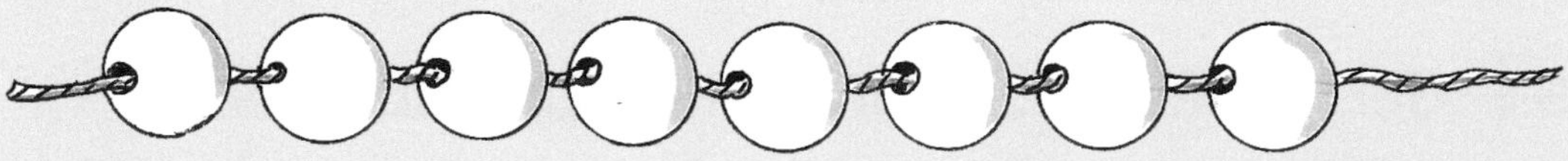

Dann werden 12 Wortbildkarten mit den Monatsnamen erstellt oder vorgegeben sowie 12 Bilder oder Postkarten mit typischen Ansichten jedem Monat zugeordnet. Ebenso kann das mit entsprechenden Materialien erfolgen (Handschuhe, Kastanien, Frühblüherbilder, Badesachen, Weihnachtskugel, Osterei ...).

Dann können die Jahreszeiten besprochen und anschließend vier Wortbildkarten für die Jahreszeiten geschrieben oder vorgegeben und an die richtige Stelle der Perlenkette gelegt werden.

Jedes Kind kann nun mit einem gemalten Bild von sich oder einem eigenen Foto seinen Geburtstag suchen und sein Foto an die passende Perle anlegen.

Mögliche Übungen mit der Jahreskette:
- ▶ Häufigkeiten der Geburtstage in einem Monat erkunden,
- ▶ Wochentage, Tage im Monat/Faustformel ermitteln,
- ▶ Zeitdauerberechnungen innerhalb eines oder mehrerer Jahre vornehmen (Grundschulzeitdauer, Urlaubszeitraum ...),
- ▶ Sachrechenaufgaben lösen, erfinden und lösen u. a. m. (Wie viele Tage Ferien haben wir im Jahr? Wie viele Stunden schlafen wir im Jahr? Wie viele Tage im Jahr sind wir in der Schule?).

Außerdem kann die Kette auch als ein Geburtstagsritual für jedes Kind an seinem Geburtstag genutzt werden: Wie immer wird die Jahreskette aufgebaut und das Geburtstagskind darf mit einer (nicht angezündeten) Kerze langsam um die Jahreskette laufen, seinen Geburtstag und sein Alter genau angeben und auch einige Besonderheiten seines bisherigen Lebens erzählen. Jedes Kind aus der Klasse kann auch einen Wunsch für das Geburtstagskind aussprechen.

In den Klassen 3 und 4 bieten sich auch Projekte zur Geschichte des Kalenders (Erforschung der Entwicklung vom ersten bis zum heutigen Gregorianischen Kalender) an. Die Erforschung der Entstehung der Monatsnamen und Wochentage, die Jahreszeiteneinteilung sowie die Historie der Zeiteinheiten und der Zeitmesser und auch die Fakten zu den Zeitzonen unserer Erde kann für Kinder interessant sein (vgl. MIRWALD 1999).

Die Nutzung der didaktischen Stufenfolge zur Behandlung der Zeitdauer ist zwar möglich (vgl. Rechenwege 2, 2011, S. 56, Aufgabe 1 u. 2), sollte aber kritisch gesehen werden. Manche Lehrkraft hält beispielsweise das Nutzen von nicht standardisierten Maßeinheiten (z. B. Ergebnis beim Zählen) nicht in jedem Falle für authentisch bzw. eben auch nicht für sinnvoll. Allerdings kann dabei das Vergleichen zweier Vorgänge (Luftballon aufblasen und Zählen ab 21, 22 ...) beobachtet werden und so das Verständnis für den Zeitbegriff verstärken. (Für das Aufblasen des Luftballons zählte ich von 21 bis 90). Unterrichtserfahrungen zeigten, dass Übungen zum Vergleichen zweier Vorgänge (auch mit nicht standardisierten Einheiten) den Kindern helfen, die Zeitdauer vom Zeitpunkt zu unterscheiden.

Kopiervorlage 9 – **Lernausgangsanalyse: Was weiß ich schon über die Zeit?**

6.5 GELDWERTE – „KANN MAN GELD MESSEN?"

Die Größenbereich *Geldwerte* unterscheidet sich von den physikalischen und geometrischen Größen, weil diese Größe nicht wie alle anderen mit einem typischen Messgerät gemessen werden kann und sowohl wirtschaftlich wie auch sozial determiniert ist. Man spricht deshalb mitunter von einer „bürgerlichen" Größe. Ihre Repräsentanten sind Münzen und Geldscheine. Für Deutschland und die meisten europäischen Länder sind es Euro und (Euro)Cent. Die Stückelung ist interessanterweise wie beim Gewicht (kg und g), aber nicht in verschiedene kleinere Einheiten teilbar. Auch bei der Größe *Geldwerte* spielt der subjektive Faktor für die Beschreibung der Relationen „... ist weniger wert/ist mehr wert als ..." und „... ist gleich viel wert wie ..." eine Rolle. Was für ein Kind viel wert ist, kann von einem zweiten Kind anders empfunden werden. Diese Werteinschätzung ist leider auch vom sozialen Status eines Menschen abhängig. Wobei hier auch die Kinder zunehmend erkennen, dass eine Ware für einen höheren Preis nicht unbedingt mehr wert sein muss als eine preisgünstigere Ware gleicher Art.

In der Regel wird mit Geldwerten schon sehr früh im Unterricht der Grundschule gearbeitet. Man geht davon aus, dass entsprechende Vorerfahrungen der Kinder vorhanden sind, weil eine gewisse Affinität/Analogie zu den Kardinalzahlen (vgl. Kap. 10.4) besteht und auch mögliche Erfahrungen aus dem bisherigen Umfeld der Kinder dafür ausschlaggebend sein würden. Diese Annahme konnte allerdings von Grassmann u. a. in den Potsdamer Studien (vgl. GRASSMANN ET. AL. 2005, T1, S. 55) nicht bestätigt werden. Sondern hier zeigte sich in den Vorerfahrungen der Kinder zu Beginn der Schulzeit ein sehr heterogenes Wissen zum Geld (Jungen zeigten mitunter bessere Vorerfahrungen zum Geld als Mädchen). Insgesamt waren diese Vorkenntnisse auch geringer als bei arithmetischen Themen. Probleme zeigten sich bei der Unterscheidung zwischen Anzahl und Wert der Münzen. Bei der Behandlung der Zahlen kann das Nutzen von Geld empfohlen werden, aber zum Rechnen bzw. zur Erarbeitung der ersten Rechenoperationen sind nach diesen Untersuchungsergebnissen andere Arbeitsmittel eher zu empfehlen. Das war nicht immer so. Die Vorerfahrungen zum Umgang mit Geld haben sich in den letzten Jahren sehr verändert. Das liegt sicherlich daran, dass die Kinder aufgrund der Entfernungen sowie auch der zunehmenden problematischen Verkehrssituation kaum noch selbständig einkaufen gehen. Außerdem erleben sie, dass ihre Eltern, wenn sie diese dann beim Einkaufen begleiten, kaum noch mit Münzen und Scheinen, sondern mit Geldkarte bezahlen. Empfohlen werden kann für Kinder der Anfangsklassen, echtes Geld (1-, 2-, 5-, 10- und 20 (Euro)Cent) zu verwenden und anschließend können dann entsprechende Unterrichtsmittel/Rechengeld wie 1-, 2-, 5-, 10-, 20 Euro eingesetzt werden. Geld kann in verschiedensten Zusammenhängen zur Zahldarstellung und Zahlzerlegung genutzt werden.

BEISPIEL: Die Zahl 8 kann als 5 €, 2 €, 1 € aber auch als 8-mal 1 € /Maßzahlaspekt/Operatoraspekt dargestellt werden.

Kinder müssen die Beziehungen zwischen (Euro)Cent- und Euro-Münzen aber auch die zwischen Euro-Münzen und Euro-Scheinen erfassen. Es ist für sie anfangs nicht einfach zu erkennen, dass eben zehn 1-ct-Münzen weniger wert sind als eine 1-€-Münze. Deshalb sind Übungen zum Wechseln von Geldbeträgen unbedingt notwendig.

In Mathematikmaterialien der Grundschule werden schon von Anfang an Aufgaben zum Wechseln von Geldbeträgen thematisiert.

BEISPIEL FÜR KLASSE 1:

Bruno und Anna haben 10 € gewechselt. Kreuze an, wer richtig gewechselt hat.

☐ Bruno hat so gewechselt: 2 €, 2 €, 2 €, 1 €, 1 €, 1 €, 1 €

☐ Anna hat so gewechselt: 5 €, 2 €, 1 €

Wechsle 10 ct auf unterschiedliche Weise. Nutze dazu die Tabelle.

	5 ct	2 ct	1 ct
Anzahl			
Anzahl			

Während in der Anfangsphase immer mit Größenangaben mit einer Einheit (3 €, 23 €) gearbeitet wird, arbeitet man dann in den weiteren Schuljahren eher mit realistischen Preisen und so mit gemischten Maßzahlen (7,50 €, 0,99 €). Allerdings müssen die Kinder dazu gelernt haben, Größenangaben mit zwei Einheiten (18 € 25 ct) und dann auch in Kommaschreibweise darzustellen.

Nach Franke/Ruwisch (2010, S. 231) können beim Arbeiten mit Geld generell drei Funktionen erfüllt werden.

1. Rechengeld findet seine Verwendung beim Sachrechnen.
2. Rechengeld wird später als Anschauungsmittel für ein Verdeutlichen des Bündelns bei der Behandlung des Zahlbegriffes eingesetzt.
3. Rechengeld ist für das Entdecken eigener Rechenstrategien der Kinder beim mündlichen, halbschriftlichen und schriftlichen Rechnen sinnvoll. Allerdings sollte auch dabei jedes Kind individuell selbst über die Auswahl seines Anschauungsmittels entscheiden können.

Es empfiehlt sich, den Kindern für das Entdecken von Rechenstrategien nur 1-€-Münzen, 10-€- und 100-€-Scheine (in Ergänzung/als Alternative zu den Mehrsystemblöcken) zur Verfügung zu stellen.

Für weitere Übungen mit Rechengeld können dann auch alle anderen Stückelungen eingesetzt werden.

In der ersten Funktion sehen wir für den Umgang mit der Größe *Geldwerte* die Hauptaufgabe für den Unterricht, da bei der Behandlung dieser Größe nicht nur der mathematisch-strukturelle Aspekt, sondern auch die Rolle des Geldes im Leben der Menschen generell sichtbar wird.

In der mathematikdidaktischen Literatur wird immer wieder das Gestalten von Einkaufssituationen im Unterricht empfohlen. Um authentisch zu bleiben, bieten sich dafür besonders Trödelmarktsituationen an, weil hier die Kinder ganzzahlige Maßzahlen nach ihren Lernvoraussetzungen nutzen und die Preise selbst festlegen können. Beim Verwenden realistischer Preise geht es vor allem um das Entwickeln von Größenvorstellungen zu Geldwerten. Das heißt, dass Kinder Preisvorstellungen zu den realen Preisen erwerben und somit sich auch gleichzeitig die notwendigen Stützpunktwerte sukzessive erschließen. Diese sollten für Kinder aus ihrer erlebten Welt und damit Vorstellungen zu Geldwerten ihres täglichen Lebens sein. Auch ist natürlich realistisch, wenn Kinder unterschiedliche Preise miteinander vergleichen und erkunden, dass die Preise in den jeweiligen Läden bei gleichen Waren nicht gleich bzw. auch nicht stabil sind. So sollten sie aber in jedem Falle wissen, was man beispielsweise in den Läden ihres Lebensumfeldes für 1 €, 10 €, 20 € oder 100 € kaufen kann bzw. was man für tägliche Lebensmittel wie für ein Brötchen, eine Bratwurst, Süßigkeiten, ein Getränk und auch für ausgewählte schulische Mittel sowie auch für teurere Gegenstände wie für ein Fahrrad bezahlen muss. Sie erfahren dabei, dass neben Scheinen und Münzen auch die beschriebenen Gegenstände mit den jeweiligen Preisen Repräsentanten der Größe sind. Größenvorstellungen zu *Geldwerten* sind für Kinder zunehmend von Bedeutung, wenn sie unter anderem auch lernen müssen, mit einem bestimmten Geldbetrag (z. B. mit ihrem Taschengeld) im täglichen Leben umzugehen. Allerdings werden diese Erfahrungen auch wesentlich vom jeweiligen Elternhaus mitbestimmt.

Eine weitere Besonderheit bei der Arbeit mit der Größe *Geldwerte* zeichnet sich beim direkten und indirekten Vergleichen ab. Dieses Vergleichen unterscheidet sich zu anderen Größenbereichen. So weisen Schipper u. a. darauf hin, dass beim direkten Vergleichen von Münzhaufen und Geldscheinen nicht die Anzahl der Stücke und Scheine, sondern deren Wert verglichen werden muss. Kinder vergleichen jedoch zu Beginn mitunter die Anzahl der Münzen und Scheine. Beim indirekten Vergleichen von Geldwerten wird das Umtauschen/Wechseln der Münzen und Scheine vorgenommen (vgl. SCHIPPER ET. AL. 2015, S. 194).

Grassmann u. a. halten in den Potsdamer Studien jedoch das direkte und indirekte Vergleichen aufgrund der Besonderheiten nicht für sinnvoll (vgl. GRASSMANN ET. AL. 2005, T1, S. 9 u. 2006, T2, S. 55). Hier wird formuliert: „Ein direkter, unmittelbarer Vergleich zweier Münzkollektionen kann eigentlich nur durch eine 1-zu-1-Zuordnung, also durch ein Auszählen erfolgen, was voraussetzt, dass die beiden zu vergleichenden Repräsentanten in gleichen Einheiten gegeben sind, oder dass die Kinder beide Repräsentanten so wechseln, dass eine 1-zu-1-Zuordnung zum richtigen Vergleichsergebnis führt. Das bedeutet, dass das Wechseln von Geld ein ganz entscheidendes Element der Messidee ist (bei Repräsentanten der Länge ist dies z. B. nicht der Fall.)".

Obwohl in der Literatur einerseits die Meinung vertreten wird, dass ein Messen von Geldwerten nicht möglich ist (vgl. SCHMIDT/WEISER 1986, S. 21), wird auch andererseits die Meinung wie in den Potsdamer Studien vertreten, dass das Messen ein Ermitteln eines Geldbetrages ist, indem eine positiv reelle Zahl zu einer Kollektion von Münzen und Scheinen zugeordnet wird. Das geschieht unter Beachtung der jeweiligen „Einheitsgröße".

Franke/Ruwisch (vgl. FRANKE/RUWISCH 2010, S. 23 u. 29) weisen noch darauf hin, dass aufgrund der Tatsache, dass nur zwei Geldeinheiten existieren, ein Runden der Geldbeträge, wie beispielsweise an der Tankstelle, notwendig sei, worauf auch Kinder beim Spaziergang oder beim Tanken des Autos mit den Eltern aufmerksam gemacht werden sollten.

Neben der vorwiegenden Nutzung des Euros und (Euro)Cents in den europäischen Ländern existieren in weiteren Ländern auch andere Währungen. Darauf kann eine Lehrkraft jedoch dann eingehen, wenn Kinder in ihrer Klasse sind, die aus solchen Ländern mit anderen Währungen kommen. Ein Austausch darüber trägt zu gegenseitigen Informationen auch über die Herkunftsländer der Mitschülerinnen und Mitschüler bei.

Wie auch an anderer Stelle schon hingewiesen, gibt es keine stabilen Preise für Waren. Das ist stets abhängig von der Region bzw. von den unterschiedlichen Ladenketten.

Preise sind entweder von der Stückzahl, von der Art oder der Größe abhängig (oder vom Rauminhalt/Flüssigkeit oder vom Gewicht/feste Gegenstände oder von der Länge/Stoff oder von der Zeitdauer/Zugfahrt). Dabei kann man oft eine fehlende proportionale Erhöhung des Preises entdecken (Der Markt/Angebot und Nachfrage regelt den Preis). Auch darauf sollten Kinder aufmerksam gemacht werden.

Praxistipp (Klasse 3/4):

Der fehlende proportionale Zusammenhang zwischen Preis und Stückzahl einer Ware lässt sich sehr gut beim *Kaufmannsladen spielen* thematisieren. Besonders gute Erfahrungen haben wir dabei mit Kinderschokolade gemacht. Dieses Produkt wird in drei Packungsgrößen angeboten:

- kleine Packung mit 4 Riegeln → 50 g (meist als „Quengelware" an der Kasse zu finden),
- normale Packung mit 8 Riegeln → 100 g,
- Maxipackung mit 24 Riegeln → 300 g.

Die Anzahl der Riegel verdoppelt bzw. verdreifacht sich jeweils von der kleineren zur nächst größeren Packungsgröße. Gleiches gilt auch für das Gewicht der Schokolade, was die Kinder leicht von der Verpackung ablesen können. Nur der Preis hält sich nicht an die festgestellte Proportionalität. Das wird besonders eindrücklich deutlich, wenn Sie die Packungen einzeln kaufen und die Kassenzettel neben die jeweilige Schokoladenpackung legen. Viele spannende Fragen lassen sich dann im Anschluss thematisieren:

Warum ist die große Packung im Verhältnis günstiger? Warum machen das die Hersteller?
Welche Packungen müsste man kaufen, damit jedes Kind der Klasse genau einen Riegel bekommt?
Gibt es mehrere Möglichkeiten? Was ist die günstigste Kombination?

Kopiervorlage 10 –
Lernausgangsanalyse: Was weiß ich schon über das Geld?

6.6 Rauminhalte – „Da passt doch sicher viel mehr rein, oder?"

Die Begriffe Volumen und Rauminhalt werden in der didaktischen Literatur oftmals als Synonyme verwendet (vgl. Franke/Ruwisch 2010, S. 225). Wir werden im nachfolgenden Text nur den Begriff *Rauminhalt* verwenden.

Dieser Größenbereich wird im Mathematikunterricht sowohl im Kompetenzbereich „Raum und Form" als auch bei „Größen und Messen" betrachtet.

Während bei der Leitidee „Größen und Messen" in der Grundschule vorwiegend das Fassungsvermögen von Körpern, auch Hohlvolumen mitunter genannt, thematisiert wird, untersucht man bei der Leitlinie „Raum und Form" eher den Rauminhalt, der angibt, wie viel Raum ein Körper einnimmt. Die verwendeten Maßeinheiten für die Angabe des Fassungsvermögens von Körpern und Gefäßen sind Liter und Milliliter und werden als Hohlmaße beschrieben. Für den Rauminhalt eines Körpers (oft würfel- oder quaderförmig) werden bis Klasse 4 nichtstandardisierte Einheiten wie beispielsweise die Anzahl der Würfel mit einer 1-cm-Kantenlänge („Einheitswürfel") verwendet und ab Klasse 5 wird dann auch über Berechnungen des Rauminhaltes die Größenangabe mithilfe standardisierter Einheiten (zusammengesetzte Einheiten) wie beispielsweise Kubikzentimeter angegeben.

In der Grundschule kann die Bestimmung des Rauminhaltes von Körpern bzw. Gefäßen (Fassungsvermögen) durch ein sogenanntes Auslitern (vgl. Kap 8.6) erfolgen.

Praxistipp (Klasse 1–4):

Stellen Sie für Ihre Lerngruppe ein „Rauminhaltsmemory" her. Sammeln Sie paarweise Gegenstände mit gleichem Rauminhalt aber mit unterschiedlichen Erscheinungsformen. Als praktikabel haben sich 4 bis 5 Paare erwiesen. Eines der Paare sollte idealerweise aus einem Behälter mit dem Rauminhalt 1 l (z. B. Milchtüte) und einem offenen Plastikwürfel mit der Kantenlänge 10 cm bestehen.

Ihre Schülerinnen und Schüler sollen überlegen, welche zwei Gegenstände als Paar zusammen gehören. Wichtig sind dabei die Begründungen, besonders wenn die Kinder mit dem Ausschlussverfahren vorgehen.

Ebenso wichtig ist es, dass im Anschluss die Vermutungen überprüft werden. Dabei sollte den Kindern selbst überlassen sein, wie sie die Überprüfung vornehmen. Unserer Erfahrung nach wählen die Kinder dabei folgende Verfahren, die man mit ihnen auch besprechen und diskutieren sollte.

- Direkter Vergleich: Viele Kinder, interessanterweise die jüngeren Kinder, schütten den Inhalt des einen Behälters in den, von dem sie vermuten, dass es das Pärchen darstellt.
- Indirekter Vergleich: Besonders die älteren Schülerinnen und Schüler nutzen oft Messbecher, um ihre Vermutungen zu überprüfen. Sie notieren oder merken sich das Volumen oder stellen sogar vereinzelt Tabellen auf. Manche Kinder bringen die Gegenstände dann von sich aus in eine Reihenfolge (von „passt wenig hinein" bis „passt viel hinein").

Ältere Grundschulkinder lernen den Rauminhalt von würfel- oder quaderförmigen Gefäßen durch ein Füllen mit Einheitswürfeln kennen. Für dieses indirekte Vergleichen nutzen sie als nicht standardisierte Maßeinheit dann diese Einheitswürfel (Kinder können das Messergebnis beschreiben: „In den großen Würfel passen 1000 Einheitswürfel." oder „Der Rauminhalt des großen Würfels beträgt 1000 Einheitswürfel."; vgl. Kap. 10.3). Auf diese zu entwickelnde Kompetenz „Rauminhalte vergleichen und die Anzahl der Einheitswürfel bestimmen" wird auch explizit in den Bildungsstandards hingewiesen (vgl. BILDUNGSSTANDARDS 2017, S. 10).

Eine weitere Steigerung, den *Rauminhalt* zu messen, kann beispielsweise auch zu nicht regelmäßigen Körpern (Rauminhalt eines Steines, eines Apfel, meiner Hand) erfolgen (vgl. Kap. 11). Hier wird der Rauminhalt über das Verdrängen von Flüssigkeiten, der „Überlaufmethode" oder über die „Differenzmethode" gemessen (vgl. Kap. 11). Die Kinder tauchen bei der „Überlaufmethode" den Körper in ein vollgefülltes Gefäß mit Wasser und messen das verdrängte/übergelaufene Wasser. Bei der „Differenzmethode" nutzen Sie einen Messbecher und lesen den Wasserstand ohne und dann mit dem eingetauchten Körper ab. Zu beiden Wasserständen muss dann die Differenz berechnet werden. Günstig ist dabei, einen nicht trichterförmigen Messbecher einzusetzen. Die zuletzt beschriebenen Messmethoden führen dann aufgrund unterschiedlicher Körper sukzessive zu propädeutischen Erkenntnissen im Hinblick auf ihre Dichte[5]. Das wird deutlich, wenn die Kinder auch in dem Zusammenhang Beobachtungen zu den Beziehungen von Masse und Rauminhalt gleicher Körper untersuchen (vgl. Kap. 11). Fachübergreifend kann hier die Geschichte von Archimedes mit den Kindern gelesen und diskutiert werden.

Kopiervorlage 38 – **Geschichte der Mathematik: Die Geschichte des Archimedes**

Nachfolgende Fragen können mit den Kindern thematisiert werden:

- Haben Körper, die Kinder als visuell gleich groß wahrnehmen, den gleichen Rauminhalt?
- Haben diese Körper die gleiche Masse?
- Haben Körper mit gleichem Rauminhalt die gleiche Masse?
- …

Neben vielen Übungen zum Messen des Rauminhaltes sind Übungen zum Schätzen ebenso bedeutsam. Messen und Schätzen sind eben die besonderen Tätigkeiten der Schülerinnen und Schüler, da diese wie bei allen anderen Größenarten der Entwicklung von Größenvorstellungen, dem wichtigsten Ziel der Kompetenzentwicklung zur Leitlinie „Größen und Messen" dienen.

Wie kann der Unterrichtsprozess zum Rauminhalt im Verlaufe der Grundschulzeit gestaltet werden?

Die Arbeit mit dem Größenbereich *Rauminhalt* sollte aufgrund des sich nach Piaget doch recht spät entwickelnden Invarianzbegriffes aus unserer Sicht im frühen Schulalter beginnen. Auch hier kann eine kreative Nutzung der didaktischen Stufenfolge hilfreich für eine Lehrkraft im Hinblick auf eine strukturelle Vorgehensweise im Unterricht sein (vgl. Kap. 5.1).

1. Zu Beginn der Arbeit mit dem Rauminhalt ist eine Lernausgangsanalyse zu den Lernvoraussetzungen der Kinder notwendig (Klassenstufe 2). Diese sollte der Lehrkraft bereits in den ersten Schuljahren ermöglichen, in Erfahrung zu bringen, welche Kompetenzen die Kinder aus ihrem unmittelbaren Umfeld zum Rauminhalt bereits besitzen.

[5] KADEN 1985, S. 95 beschreibt die Erkenntnis zur Dichte eines Körpers, die Archimedes beim Verdrängen von Wasser in der Badewanne beobachtet hat.

2. In Vorbereitung zum ersten Herantasten an dieses Thema könnten den Kindern Beobachtungsaufträge gegeben werden, wo und wie zu Hause oder in der Schule mit Flüssigkeiten gearbeitet wird. Beobachtungen werden aufgemalt oder aufgeschrieben. Materialien, wie beispielsweise Gefäße für Flüssigkeiten, können von Kindern mitgebracht werden. Darüber tauschen sich alle im Unterricht aus (Beschriftung zum Inhalt, zu Maßeinheiten, zu Mengen, …).

3. Unter Einbezug der mitgebrachten Gefäße können Kinder jetzt direkt diese Gefäße untersuchen.

Sie schätzen zuerst, in welches Gefäß mehr hineinpasst, wählen anschließend immer zwei Gefäße aus und vergleichen das Fassungsvermögen dieser Gefäße miteinander. Eine Ordnung aller zur Verfügung stehenden Gefäße kann folgen. Ebenso können auch erste indirekte Vergleiche mit nicht standardisierten Maßeinheiten wie „kleine Gläser" durchgeführt werden (z. B.: Wie viele kleine Gläschen mit Wasser passen in den Eimer?).

Kopiervorlage 11 –
Lernausgangsanalyse: Was weiß ich schon über den Rauminhalt?

4. Die bisherige Arbeit zum *Rauminhalt* kann nun mit der expliziten Einführung der ersten standardisierten Maßeinheit „ein Liter – 1 l" erfolgen (Klassenstufe 3).

Auch hier sollte die Lehrkraft noch einmal mit einer Lernausgangsanalyse das bisherige Wissen zum Größenbereich erkunden, denn viele Kinder sind sicherlich schon lange davor mit der Maßeinheit „ein Liter" konfrontiert worden, ohne vielleicht den Begriffsinhalt richtig zu verstehen.

Nach Einführung, Festigung und Erkundung erster Stützpunktwerte zu einem Liter und dessen Vielfachen könnten auch erste Betrachtungen zu Teilen eines Liters mittels eines geraden Messbechers erfolgen.

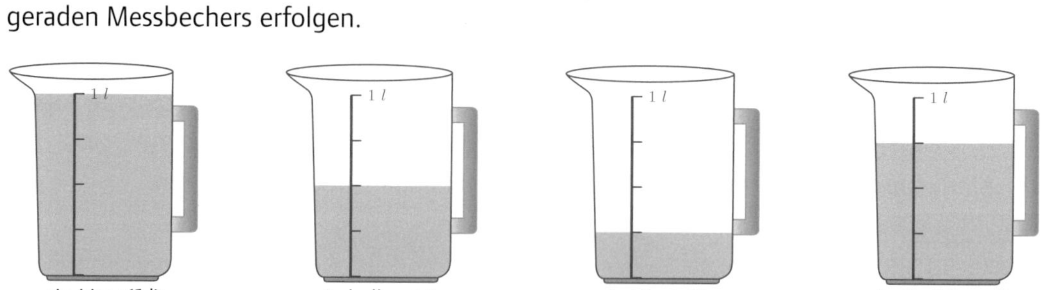

ein Liter (1 l) | ein halber Liter | ein Viertelliter | ein Dreiviertelliter

Zur ersten Anwendung der neuen Maßeinheit können Kinder mittels Untersuchungen zum Wasserverbrauch unter Nutzung ganzzahliger Vielfacher eines Liters angeregt werden. Schätz- und Messübungen sollten immer wieder im Zusammenhang auch mit den bisher behandelten Größenbereichen wie Länge, Zeitdauer, Geldwerte und Masse während des gesamten Schuljahres kontinuierlich Beachtung finden.

An diese Arbeit wird dann im 4. Schuljahr mit der Einführung der zweiten Einheit „1 Milliliter/1 ml“ anknüpft. Anhand des aus Klasse 3 schon verwendeten Messbechers können zu den Bruchteilen eines Liters die Skalen verfeinert werden.

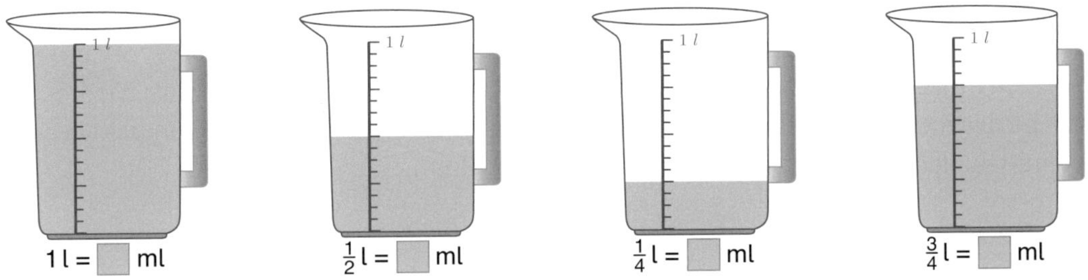

Repräsentanten zu 1 ml (etwa ein Wassertropfen) bzw. zu dessen Vielfachen können beispielsweise bei medizinischen oder kosmetischen Flüssigkeiten gefunden werden. Passende Messgeräte wie unterschiedlich große Messbecher mit verschiedenen Skaleneinteilungen oder kleine und größere Trinkgläser mit entsprechenden Angaben zu Milliliter oder Zentiliter (Nutzung auch von Pipetten) ermöglichen das Messen und Schätzen des Rauminhaltes (indirektes Vergleichen mit standardisierten Maßeinheiten). Gleichzeitig ergeben sich daraus auch weitere passende Stützpunktwerte für diese Maßeinheit. Aufgrund des erweiterten Zahlenraumes in Klasse 4 können die Kinder mit der Beziehung Liter-Milliliter sowie auch mit der Beziehung Masse-Rauminhalt und damit erste propädeutische Betrachtungen zur Dichte umgehen lernen (vgl. Kap. 11.3).

In diesem Zusammenhang ist es beispielsweise auch angebracht, typische Messbecher mit unterschiedlichen Skalen für Zucker, Mehl usw., wie sie zu Hause eventuell beim Kochen und Backen genutzt werden, zu untersuchen und eventuell einen solchen Messbecher zum besseren Verständnis selbst herzustellen (vgl. KV 34).

5. Ist mit all diesen beschriebenen Tätigkeiten ein entsprechendes Niveau an Größenvorstellungen bei den meisten Schülerinnen und Schülern entwickelt, kann jetzt mit der Ausbildung von Können für das Umrechnen von und das Rechnen mit Größenangaben begonnen werden (vgl. Kap. 9). Die Bedeutung der Vorsilben, die auch aus anderen Größenbereichen übertragen werden können (Hekto-, Dezi-, Zentiliter)[6] bzw. mit einem Vergleich zu anderen Größen erfolgen können, wäre ein weiteres Feld, das im späteren Unterricht in der Sekundarstufe eine Rolle spielen sollte.

Ein Erschließen der Umwelt mittels Anwendung der bisher erworbenen Kenntnisse zum *Rauminhalt* und auch in Bezug zu allen anderen Größenbereichen kann nun folgen. Idealerweise könnten sich Lehrkraft und Kinder dann mit Modellierungsprozessen, für die die beschriebenen Kompetenzen der Leitlinie „Größen und Messen“ Voraussetzung wären, intensiv befassen.

---

6 Vorsilben: Hekto (h) entspricht 10^2, Dezi (d) entspricht $10^{-1} = 0{,}1$, Zenti (c) entspricht $10^{-2} = 0{,}01$

Beispiele dazu könnten sein:

1. Ermitteln der Trinkmenge eines Viertklässlers unter Nutzung statistischer Kenntnisse für die Darstellung der ermittelten Daten
2. Ermittlung von Trinkmengen und Futtermengen für Tiere im Zoo
3. Fermi-Aufgaben,
4. Erkunden von und Rechnen mit alten Maßen,
5. …

Auch im Handbuch für den Mathematikunterricht (4. Schuljahr) stellen Schipper u. a. einen solchen Prozessverlauf in vier Abschnitten vor (vgl. SCHIPPER/EBELING/DRÖGE 2018, S. 280). Sie bezeichnen ihr Vorgehen als einen Orientierungsrahmen und beschreiben das als ein „erweitertes didaktisches Stufenmodell“ zu Rauminhalten.

Die Autoren beschreiben ihr Modell mit folgenden Phasen:

- „Berücksichtigung der Vorkenntnisse
- Aufbau möglicher Stützpunktvorstellungen
- inhaltliche Schwerpunkte bei der Unterrichtsarbeit mit Rauminhalten
- Ausbau von Anwendungserfahrungen: Rauminhalte in Sachsituationen“

Sie verweisen damit explizit auch darauf, dass ihr Vorgehen ebenso eindeutig dem Hauptziel, Größenvorstellungen für den Größenbereich *Rauminhalt* zu entwickeln, dient.

Jeder Lehrkraft sollte der Entwicklungsstand jedes Kindes hinsichtlich seiner Größenvorstellungen zu jeder Zeit bedeutsam und damit auch bekannt sein. Gleiches trifft auch zum Entwicklungsstand der Invarianz zum Rauminhalt zu.

Kopiervorlage 12 – **Invarianztest: Verdrängen die Knetfiguren immer gleich viel Wasser?**

Für diesen Teil einer Lernausgangsanalyse kann ein Interview mit einzelnen der Lehrkraft auffallenden Kindern oder auch innerhalb des gesamten Klassenverbandes als Messübung erfolgen (vgl. Kap. 11).

6.7 FLÄCHENINHALTE – „LÄNGE MAL BREITE, ODER GEHT DAS AUCH ANDERS?“

Für die Behandlung der Größe *Flächeninhalt* ist auch die im geometrischen Unterricht zu sichernde Kenntnis hinsichtlich der Unterscheidung von Fläche, Flächeninhalt und Umfang relevant. In Untersuchungen von FRAEDRICH (1991) werden bei FRANKE/REINHOLD (2016, S. 309) genau diese Defizite beschrieben. Kindern gelingt es bis zum Ende der Grundschule nicht, eine klare Begriffsvorstellung zum Flächeninhalt aufzubauen. Sie sollten wissen, dass der Flächeninhalt ein Bereich ist, den eine Fläche einer Figur wie beispielsweise Rechteck, Quadrat, Trapez … einnimmt. Es ist also ein Maß für die Größe einer Fläche.

Diese Problematik der Schülerinnen und Schüler zeigt sich u. a. auch darin, eben nicht zu wissen, was man unter der Größe einer Fläche versteht. Des Weiteren fehlen Kenntnisse zur Flächeninvarianz und ebenso wurden Unsicherheiten zum Schätzen von Flächeninhalten konstatiert.

Der Größenbereich *Flächeninhalt* wird in der didaktischen Literatur in unterschiedlichen Leitlinien thematisiert. Große Aufmerksamkeit bekommt die Größe sowohl bei den Inhalten zur

Leitlinie „Raum und Form“, bei den Inhalten der Leitlinie „Größen und Messen“ sowie auch bei der Veranschaulichung von Multiplikationsgleichungen und entsprechenden Gesetzen der Multiplikation (vgl. Kap. 10.5). In den Bildungsstandards wird explizit innerhalb der Leitlinie „Raum und Form“ auch auf die auszubildende Kompetenz hinsichtlich des Flächeninhalts verwiesen. Hier wird gefordert, „Flächeninhalte ebener Figuren durch Zerlegen vergleichen und durch Auslegen mit Einheitsflächen messen“ sowie „Umfang und Flächeninhalt von ebenen Figuren untersuchen“ zu können (vgl. Walther et al. 2007, S. 124).

Den Flächeninhalt durch Auslegen mit Plättchen zu messen, bleibt für Kinder mit den Erfahrungen in ihrer Umwelt eher eine Tätigkeit, die nur so im Schulunterricht vollzogen wird. Zu Hause erleben sie, dass die Eltern den Flächeninhalt ermitteln, indem sie Länge und Breite des Zimmers messen und diese beiden Größenangaben miteinander multiplizieren, so wie sie das dann später im Unterricht nach Klasse 4 auch erfahren.

Welche Besonderheiten bei der Behandlung der Größe Flächeninhalt sollten im Grundschulunterricht beachtet werden?

Kinder bestimmen in den Grundschuljahren die Größe einer Fläche zweidimensionaler Figuren unter Angabe nicht standardisierter Maßeinheiten, aber lernen ab Klassenstufe 5/6 entsprechende standardisierte Maßeinheiten über das Berechnen mittels einer Formel kennen.

Bis dahin führen die Kinder direkte qualitative Vergleiche und indirekte Vergleiche mit nicht standardisierten Maßeinheiten durch. Sie beschreiben qualitatives Vergleichen mit den Relationsbegriffen „... ist größer als ...“ bzw. „... ist kleiner als ...“ und bei Gleichheit mit „... ist genauso groß wie ...“. Für indirekte Vergleiche werden beispielsweise Einheitsquadrate (auch andere *n*-Ecke) durch das Auslegen von Flächen (Messen) verwendet.

BEISPIEL: Das Rechteck ist so groß wie 8 kleine Quadrate.

Dazu eignen sich auch besonders Dreiecksplättchen, da das Auslegen mit diesen Teilfiguren besser als mit Quadraten zu händeln ist.

Tätigkeiten der Schülerinnen und Schüler zur Entwicklung des Flächeninhaltsbegriffes können sein:

- Auslegen von Flächen (indirektes Vergleichen),
- direktes Vergleichen von Flächen,
- Muster mit gleichen und verschiedenen Flächen legen und malen,
- Zerlegen und Zusammensetzen von Flächen,
- Spannen auf dem Geobrett,
- Operieren mit Flächen, Spiegelbilder erstellen sowie das Färben von Flächen.

Eine der Haupttätigkeiten beim Arbeiten zum *Flächeninhalt* ist das Vergleichen von Flächen.

Dazu beschreibt Franke (vgl. FRANKE/RUWISCH 2010, S. 246) die Gleichheit zweier Flächen mit den Begriffen: *„Deckungsgleich“* (genaues Übereinanderlegen, sodass sich die Flächen genau abdecken), *„zerlegungsgleich“* (Zusammenlegen und Zerlegen mit gleichen Teilfiguren) und *„auslegungsgleich“* (Anzahl der zum Auslegen der Fläche mit gleichen Einheitsflächen ist gleich).

Um die Beziehungen der Länge und des Flächeninhalts den Kindern zu verdeutlichen, sind Aufgaben zu den Beziehungen Umfang und Flächeninhalt dienlich (gleicher Umfang/unterschiedliche Fläche und umgekehrt).

Interessant für Kinder ist auch die Bestimmung des Flächeninhaltes der eigenen Hand (Klasse 4). Das könnte mit einer Schätzübung (Wie viel kleine Quadrate mit der Seitenlänge von einem Millimeter benötigst du zur Darstellung deiner Handfläche?). Die entsprechende Messübung kann auf Millimeterpapier zur Überprüfung des Schätzwertes erfolgen. Parallelen gibt es dazu beim Bestimmen des Rauminhaltes der Hand (vgl. Kap. 11.1).

Eine authentische Sachsituation zum Flächeninhalt bietet die Arbeit mit dem Maßstab an. Kinder können dazu Flächen verkleinern oder vergrößern. Das kann anhand der Grundflächen zu bestimmten Möbelstücken, die innerhalb der Grundfläche eines rechteckigen Zimmers und unter Nutzung von quadratischem Karopapier oder auch von Millimeterpapier anzuordnen sind.

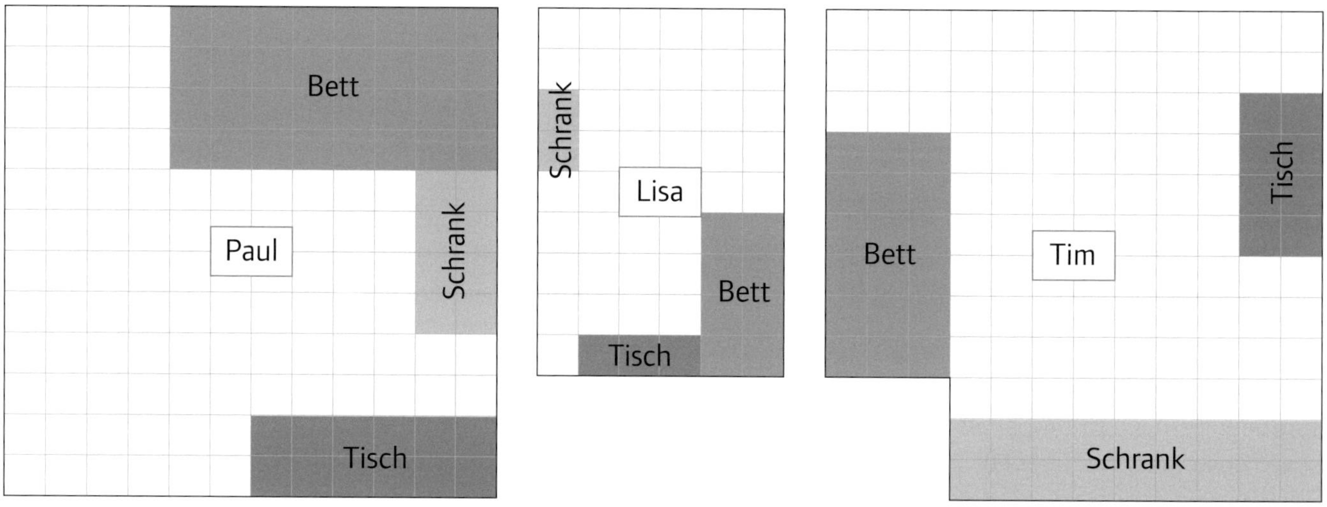

Die Kinder diskutieren über die drei unterschiedlich großen Flächen, die den Grundriss jeweils eines Zimmers darstellen. Sie gehen dabei der Frage nach, welches Zimmer den größten und welches den kleinsten Flächeninhalt hat. Sie können dabei auf einen kognitiven Konflikt stoßen: „Ist es wirklich so, dass das linke Zimmer am größten ist? Warum ist das so?"

Anhand dieser Diskussion und einer anschließenden Verallgemeinerung zu dem Problem kann der Begriff „Maßstab" eingeführt werden. Dazu lernen die Kinder, dass der Maßstab angibt, wievielmal eine Fläche vergrößert oder verkleinert wird. Das heißt, dass der Maßstab eine lineare Vergrößerung angibt. Der Maßstab 1:100 („1 zu 100") würde bedeuten, dass 1 cm Länge auf dem Bild in Wirklichkeit 100 cm sind. Bei einer Verdoppelung der Länge würde sich demnach der Flächeninhalt vervierfachen. In der Festigungsphase könnten die Kinder angeregt werden, für das Wohnzimmer zu Hause unter einem entsprechenden Maßstab (eventuell 1:100) die Grundfläche mit ausgewählten Möbeln unter Nutzung von Quadratrastern darzustellen. Bei dieser Aufgabe stoßen sie genau auf das oben genannte Problem. Sie werden zur Bestimmung der Flächen die Länge und Breite der Gegenstände messen, die Größenangaben runden und die Flächen dann entsprechend des gewählten Maßstabes einzeichnen und nicht jede Grundfläche zu Hause mit Einheitsflächen auslegen. Hier sollte die Lehrkraft dann noch einmal auf das Karoraster verweisen, welches hilft, den Flächeninhalt mit der nicht standardisierten „Maßeinheit Kästchenanzahl" anzugeben.

Kopiervorlage 49 – **Material für den Flächeninhalt: Quadratrasterfolie**

DAS GRÖßENBUCH – EIN INSTRUMENT ZUR STRUKTURIERUNG VON GRÖßENVORSTELLUNGEN

Beim Sachrechnen mit Größen hat es sich bewährt, dass alle Schülerinnen und Schüler ein Größenbuch führen (vgl. RINK 2017, MIRWALD/NITSCH 2017). Größenbücher gibt es in den verschiedensten Ausführungen. In dem hier beschriebenen Größenbuch gibt es jeweils eine Doppelseite zu den Größenbereichen Längen, Zeitspannen, Gewichte und Rauminhalt. Darin werden über die gesamte Grundschulzeit unter anderem wichtige Repräsentanten, die sogenannten Stützpunktwerte, festgehalten, die erarbeitet und besprochen wurden.

So müssen Stützpunktwerte beispielsweise zum Lösen von Sachaufgaben abgerufen werden.

BEISPIEL: 1 kg entspricht einer Packung Mehl.

Oder sie müssen herangezogen werden, um die erfragte Füllmenge einer Teekanne zu ermitteln.

BEISPIEL: „In die Teekanne passt 800 ml Tee, weil ich weiß, dass ich vier Tassen daraus trinken kann. In meine Teetasse passen 200 ml."

Gibt man eine Schätzaufgabe wie hier per Bild an (*Schätze, wie viel Tassen Tee passen in diese Teekanne.*), muss ein direkter mentaler Vergleich möglich sein (Repräsentant zum Stützwert „Tasse" sollte daneben stehen).

In jedem Größenkapitel können die Kinder außerdem Besonderheiten der jeweiligen Größenbereiche eintragen, die sie zum Schätzen notwendigerweise wissen müssen. Sie stellen Repräsentanten zu den jeweiligen Größenbereichen mithilfe standardisierter Einheiten dar und notieren ausgewählte Messergebnisse.

Ein Größenbuch kann schon ab der ersten Klasse und auch bei der Arbeit mit Förderschülerinnen und -schülern eingesetzt werden. Diese Kinder können Bilder oder Zeichnungen von Gegenständen einfügen, dessen Größen, Bezeichnungen und verbundene Begriffe sie sich merken möchten. Später können und sollten einzelne Seiten zu den jeweiligen Größenbereichen ersetzt oder ergänzt werden. Auf diese Weise wird den Kindern der eigene Lernfortschritt sichtbar, was einen positiven Einfluss auf Motivation und Selbstwert haben kann.

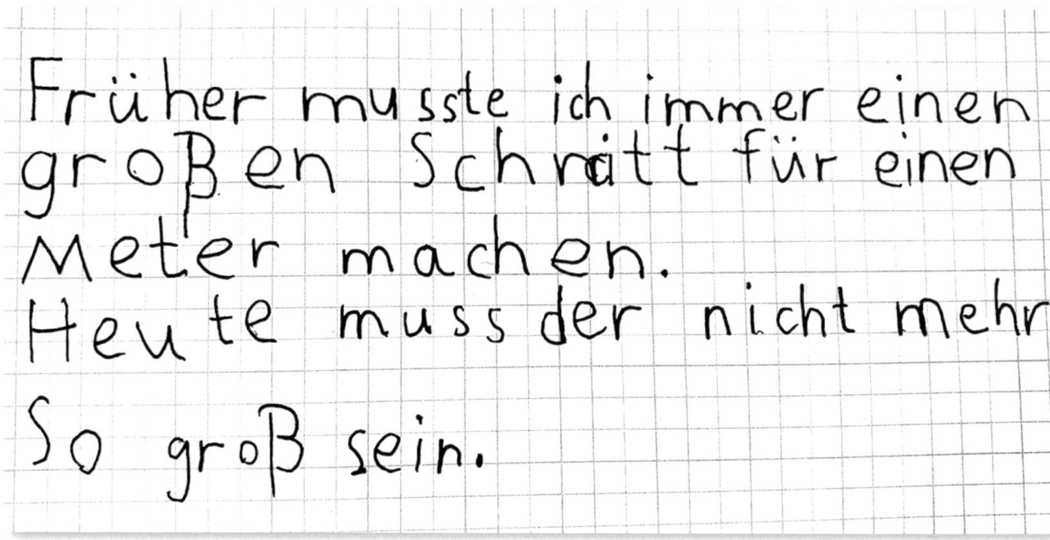
Früher musste ich immer einen großen Schrätt für einen Meter machen.
Heute muss der nicht mehr So groß sein.

Im Größenbuch können zudem zu jedem Größenbereich nicht nur isolierte Fachbegriffe, sondern vor allem auch Ausdrücke und Satzmuster (Redemittel) notiert werden, in denen die Fachtermini Verwendung finden. Die folgende Abbildung zeigt exemplarisch die Doppelseite aus einem Größenbuch zu Zeitspannen:

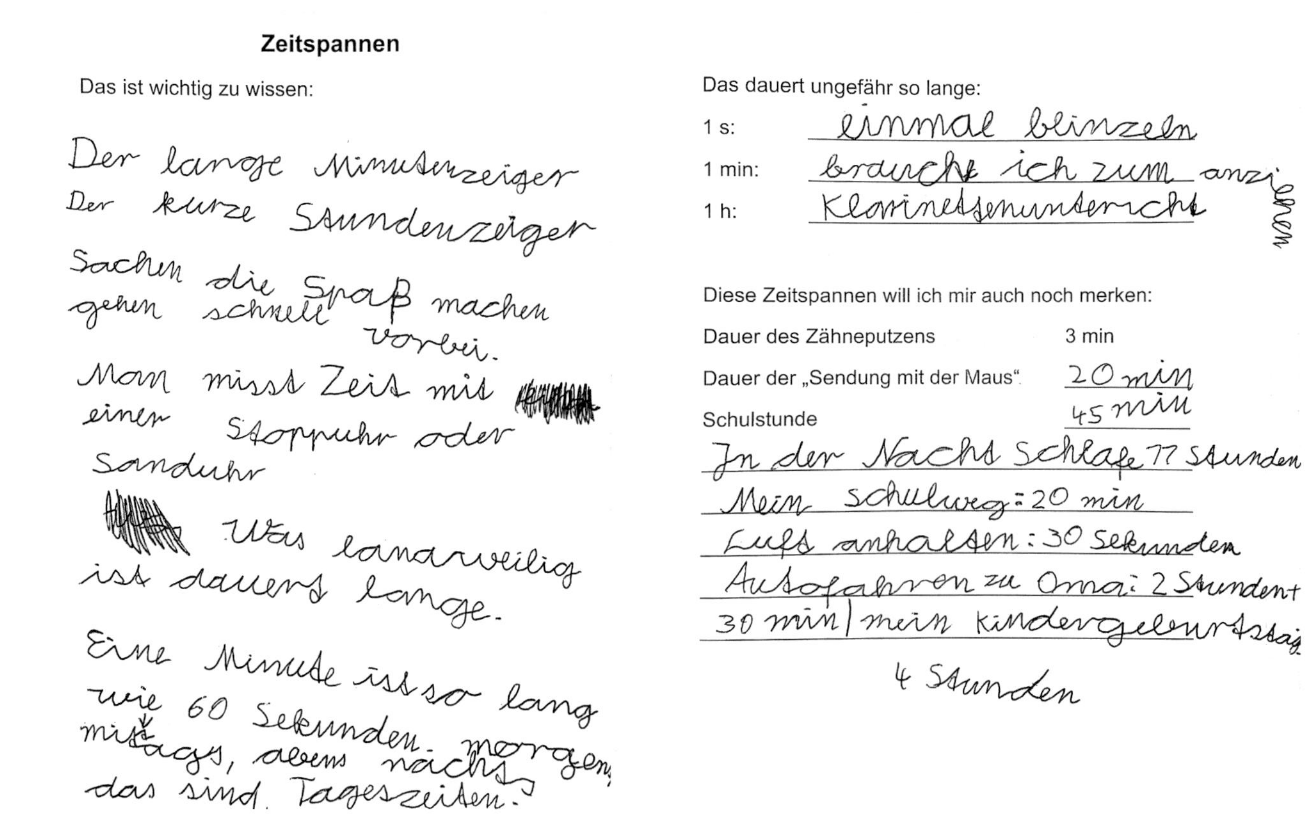
Zeitspannen

Das ist wichtig zu wissen:

Der lange Minutenzeiger
Der kurze Stundenzeiger
Sachen die Spaß machen gehen schnell vorbei.
Man misst Zeit mit einer Stoppuhr oder Sanduhr
Was langweilig ist dauert lange.
Eine Minute ist so lang wie 60 Sekunden.
mittags, abens nachts morgen, das sind Tageszeiten.

Das dauert ungefähr so lange:

1 s: einmal blinzeln
1 min: brauche ich zum anziehen
1 h: Klarinettenunterricht

Diese Zeitspannen will ich mir auch noch merken:

Dauer des Zähneputzens 3 min
Dauer der „Sendung mit der Maus“ 20 min
Schulstunde 45 min
In der Nacht schlafe 11 Stunden
Mein Schulweg: 20 min
Luft anhalten: 30 Sekunden
Autofahren zu Oma: 2 Stunden 30 min | mein Kindergeburtstag 4 Stunden

Die rechte Seite des Größenbuches kann dafür genutzt werden, um Stützpunktwerte im jeweiligen Größenbereich zu notieren. Diese Stützpunktwerte sollten aus dem unterrichtlichen Kontext erwachsen und auch immer wieder, z. B. für die Schätzaufgabe der Woche, herangezogen werden und dadurch zur Anwendung kommen.

Auf der linken Seite können die Besonderheiten des jeweiligen Größenbereiches festgehalten werden. Aber auch wichtige Redemittel oder Fachbegriffe können hier notiert werden. So sind beispielsweise dies die wichtigsten Fachbegriffe und Ausdrücke zum Thema Zeitspannen im zweiten Schuljahr:

- die Uhr, die Digitaluhr, die Analoguhr (Zeigeruhr), die Sanduhr, die Stoppuhr
- der lange Minutenzeiger; der kurze Stundenzeiger
- Zeitpunkt/Zeitspanne
- die Stunde; die volle Stunde/Minute/Sekunde
- morgens; mittags; abends; nachts; vormittags; nachmittags; Tag/Nacht
- anzeigen; beginnen; dauern; enden
- früh; spät
- von … bis
- dauert länger als …
- …

Die folgende Aufzählung zeigt beispielhafte Redewendungen und Satzmuster, in denen die Schülerinnen und Schüler die Fachbegriffe verwenden können:

Größenbereich Gewicht Klasse 3/4

Fachbegriffe und Ausdrücke	Redewendungen und Satzmuster	Erklärungen oder Besonderheiten
Waage; Federwaage, Balkenwaage, Küchenwaage, Personenwaage	… ist leichter als … … ist schwerer als … … ist so schwer wie … … hat das gleiche Gewicht wie …	Zwei Gegenstände können gleich groß sein, aber ein unterschiedliches Gewicht haben.
Wägestücke, Kilogramm, Gramm	Das Gewicht … beträgt …	Man kann das Gewicht eines Gegenstandes nicht sehen.
Gewicht, Gleichgewicht schwer/leicht	kg/g	Die Umrechnungszahl von Kilogramm in Gramm ist 1000.

Diese Auflistungen erheben nicht den Anspruch auf Vollständigkeit. Auch müssen keineswegs immer alle Kinder die vorgeschlagenen Fachbegriffe und Redemittel verwenden.

Das Größenbuch im Unterricht

Wie bei der sogenannten Wortspeichermethode (vgl. Götze 2015, S. 33 ff.), muss auch die Sammlung an Fachbegriffen in Kombination mit wichtigen Stützpunktwerten im Unterricht eine methodische Rahmung erfahren, um lernwirksam zu werden. Zuallererst sollte man als Lehrkraft darauf achten, selbst sprachliches Vorbild zu sein und die aktuellen Begriffe stets zu verwenden bzw. im Klassengespräch die Schülerinnen und Schüler zum Gebrauch der richtigen Begriffe zu ermutigen („Schlage nochmal in deinem Größenbuch nach, wie das Expertenwort heißt!").

Aber auch bei der (schriftlichen) Darlegung der Lösungswege von Sachaufgaben kann das Größenbuch eine Hilfe sein. Dabei ist es unerheblich, ob Schülerinnen und Schüler eine Begründung mit eigenen Worten wiedergeben. ▷

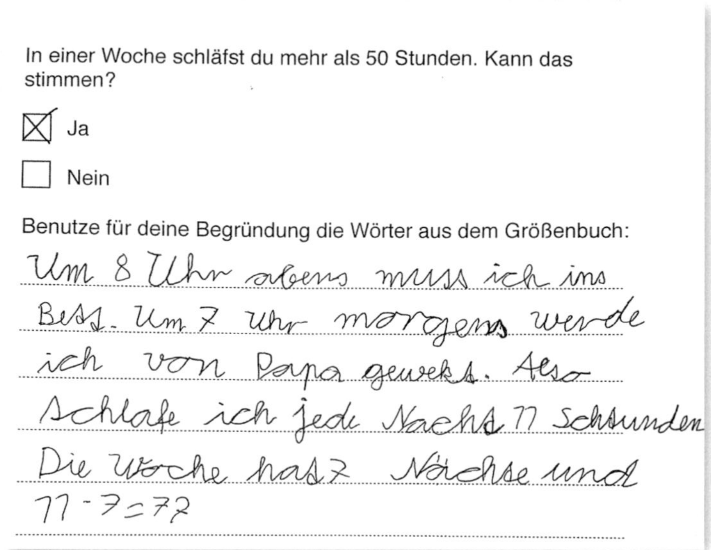

In einer Woche schläfst du mehr als 50 Stunden. Kann das stimmen?

☒ Ja

☐ Nein

Benutze für deine Begründung die Wörter aus dem Größenbuch:

Um 8 Uhr abens muss ich ins Bett. Um 7 Uhr morgens werde ich von Papa geweckt. Also schlafe ich jede Nacht 11 Schtunden Die Woche hat 7 Nächte und 11 · 7 = 77

Oder ob man sie bei der Begründung beispielsweise mit Lückentexten unterstützt und die Lücken mit Begriffen aus dem Größenbuch füllen lässt. Das kann jedes Kind für sich entscheiden. ▷

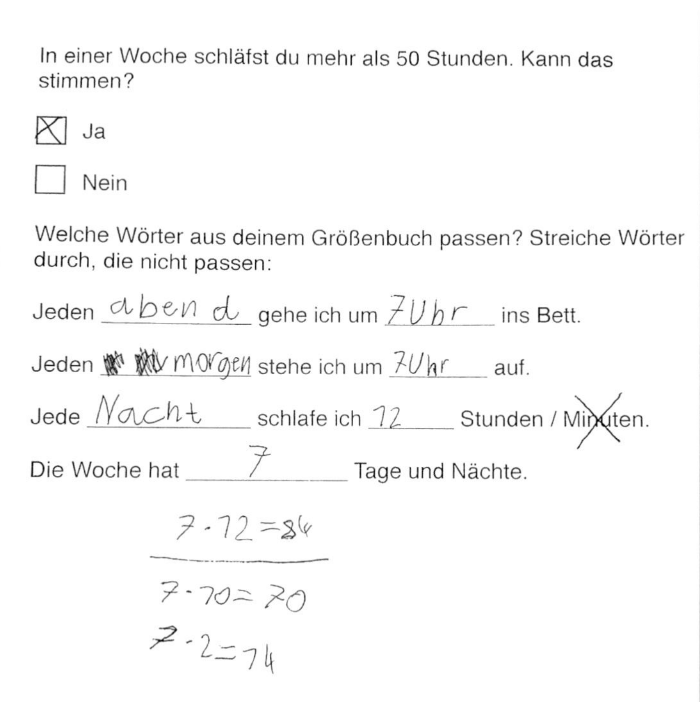

In einer Woche schläfst du mehr als 50 Stunden. Kann das stimmen?

☒ Ja

☐ Nein

Welche Wörter aus deinem Größenbuch passen? Streiche Wörter durch, die nicht passen:

Jeden abend gehe ich um 7Uhr ins Bett.

Jeden morgen stehe ich um 7Uhr auf.

Jede Nacht schlafe ich 12 Stunden / ~~Minuten~~.

Die Woche hat 7 Tage und Nächte.

7 · 12 = 84

7 · 10 = 70

7 · 2 = 14

Ein Mathematikunterricht, der neben den fachlichen Inhalten auch die Sprachförderung mit in den Blick nimmt, ist natürlich zeitlich aufwändiger in der Planung und Durchführung. Das kann unter Umständen auch bedeuten, dass Schwerpunkte im Lehrplan anders gelegt werden müssen. Doch die immer zahlreicher werdenden Erfahrungen aus der Praxis legen den ermutigenden Schluss nahe, dass ein sprachfördernder Unterricht auch Schülerinnen und Schülern ohne sprachliche Einschränkungen dabei helfen kann, mathematische Konzepte tragfähig auszubilden und zu nutzen (vgl. z. B. Meyer/Prediger 2012; Götze 2015).

Das sollte vielleicht einen Versuch wert sein.

In nebenstehenden Kopiervorlagen stellen wir Ihnen weitere Vorschläge für die Erstellung von Größenbüchern vor.

Kopiervorlage 13 – **Wie benutze ich das Größenbuch? Die Größenbereiche Längen, Geldwerte, Zeitspannen, Gewicht, Rauminhalte**

Kopiervorlage 14 – **Merkheft zu Größen für Klasse 1 und 2**

Kopiervorlage 15 – **Merkheft zu Größen für Klasse 3 und 4**

ZUR FÖRDERUNG VON MESSKOMPETENZEN

Messen umfasst mehr als das bloße Nutzen von Messwerkzeugen und das Ablesen von Zahlen auf einer Skala. Messkompetenz setzt sich aus mehreren einzelnen Kompetenzen zusammen, die in diesem Abschnitt näher beleuchtet werden sollen.

8.1 DIE KERNIDEEN DES MESSENS

Das Messen umfasst in allen Größenbereichen drei zentrale Kernideen, die wiederum als Prozess zu verstehen sind und im Weiteren näher erläutert werden.

Auswählen einer passenden Einheit

Gilt es, ein Objekt zu vermessen, muss – abhängig vom Objekt – das passende Messgerät mit der dazu passenden Einheit gewählt werden. Die Länge des Klassenraums wird man also eher mit dem Tafellineal und weniger mit dem Geodreieck ausmessen. Und als Einheit bieten sich Meter und Zentimeter statt Kilometer und (Hekto-)Meter an. Das Gewicht des Schulranzens wird eher mit der Personenwaage als mit der Briefwaage ermittelt.

Das mehrfache und sachgerechte Verwenden dieser Einheit

Länge, Fassungsvermögen und Zeitdauer eines Repräsentanten lassen sich über die mehrfache Verwendung eines Messobjekts ermitteln. Bezogen auf das obige Beispiel bedeutet dies, dass das Tafellineal am besten an einer Seite des Klassenraumes angelegt wird, damit auch wirklich die kürzeste Strecke ausgemessen werden kann. Das Tafellineal muss jeweils mit seinem einen Ende genau an dem Punkt angelegt werden, an dem das vorherige Messen endete. Es muss dann mitgezählt werden, wie oft das Lineal angelegt wurde.

Das systematische Zerlegen in Untereinheiten

Wird das auszumessende Objekt nicht hinreichend durch die auszumessende Einheit erfasst, so muss diese untergliedert werden. Stellt man fest, dass nach mehrmaligem Aneinanderlegen das Tafellineal nicht ausreicht, um den Klassenraum auszumessen, weil eine kleine Lücke bleibt, muss noch eine kleinere Einheit dazu genommen werden. Passen würde die 10er-Stange der Cuisenairestäbe oder die 10er-Stange des Dienes-Materials.

8.2 Allgemeine Ideen zur Förderung von Messkompetenzen

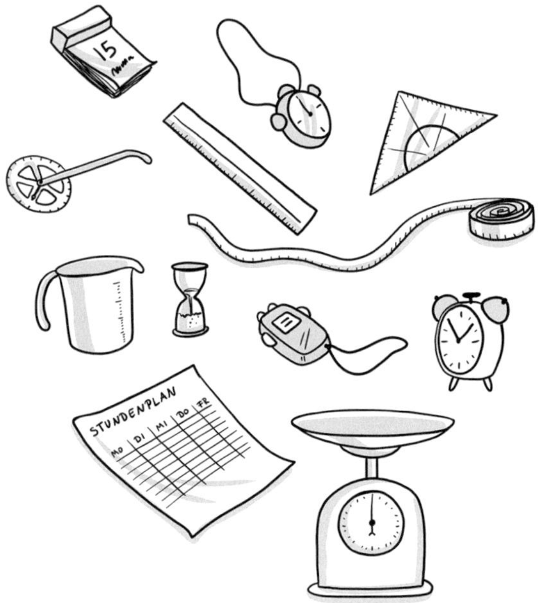

Nutzen von Messwerkzeugen

Dass für Kinder der Umgang mit Messwerkzeugen nicht immer einfach ist, ist Ihnen sicher durch Erfahrungen aus dem eigenen Unterricht bekannt. So stellt für viele Kinder beispielsweise die korrekte Nutzung des Lineals eine große Herausforderung dar. Ihnen ist nicht unmittelbar einsichtig, dass das Lineal bei der Null angelegt werden muss, um die Länge einer Strecke korrekt zu bestimmen. Statt die Kinder lediglich auf die korrekte Handhabung hinzuweisen, lohnt eine genauere Betrachtung verschiedener Messinstrumente.

Messinstrumente zeichnen sich dadurch aus, dass sie in unserer Kultur speziell konstruiert wurden, um zu messen und konventionelle Einheiten zu repräsentieren. Die verschiedenen Messwerkzeuge unterscheiden sich hinsichtlich ihres spezifischen Verwendungszwecks: Es gibt für bestimmte Situationen nützlichere und handhabbarere sowie auch effektivere und genauere Messinstrumente (vgl. Hiebert et al. 1997, S. 53 ff.). Sie werden, da sie nicht nur eine Einheit repräsentieren, anders bezeichnet als die auf ihnen abgebildeten Einheiten. Gerade beim Gewicht tragen sie ihren Verwendungszweck im Namen, wie beispielsweise die Küchenwaage und die Personenwaage. Nunes et al. (1993) betonen, dass der Umgang mit Messwerkzeugen das Verständnis von Kindern beim Messen nicht nur unterstützt, sondern auch beeinflusst und prägt.

Demnach stellen konventionelle Messinstrumente nicht nur ein Werkzeug des Handelns, sondern auch eines des Denkens und Erkennens dar. Um Kinder gezielt auf diese Aspekte der Messwerkzeuge aufmerksam zu machen, können unterschiedliche Messinstrumente aus verschiedenen Größenbereichen im Zusammenhang thematisiert werden. In allen vier Grundschuljahren stellten wir dazu folgende Arbeitsaufträge:

- „Womit misst du deine Körpergröße?“
- „Womit misst du die Länge des Sportplatzes?“
- „Womit misst du die Zeit beim Zähneputzen?“
- usw.

Die Kinder sollten das für die jeweilige Situation passende Messwerkzeug auswählen und zudem begründen, warum sie gerade dieses für geeignet halten.

Kopiervorlage 16 – **Messkompetenz fördern: Messgeräte in Klasse 1 und 2 nutzen**

Kopiervorlage 17 – **Messkompetenz fördern: Messgeräte in Klasse 3 und 4 nutzen**

Unserer Erfahrung nach zeigte sich, dass die Kinder nur diejenigen Messinstrumente wählten, die ihnen auch bekannt waren. So ließen viele das Messrad außen vor. Meist argumentierten die Kinder, dass das Messen genau sein müsse und sie insofern das zur Situation passende Messinstrument ausgewählt hätten. Hier zeigt sich, dass Kinder das Messen nicht als das Ermitteln eines Näherungswertes verstehen. Auf Fragen nach dem Messgerät argumentierten die Kinder: „Warum nimmst du das Maßband und nicht das Lineal, um deine Körpergröße zu messen?“ –„Weil das Lineal zu kurz ist.“ – „Könnte denn trotzdem mit dem Lineal deine Körpergröße gemessen werden?“ – „Ja schon, aber dann muss man es immer wieder anlegen.“ – „Und warum ist das schlecht?“ – „Weil man da leicht verrutschen kann.“, Grundsätzlich unterschieden sich Zweit- und Viertklässler in ihren Antworten nicht.

Messwerkzeuge zeichnen

Nührenbörger (2002, S. 130ff.) stellte Kindern bei vorgegebener Zeichnung eines leeren Lineals die folgende Aufgabe: „Stell dir vor, dies sei ein Lineal. Zeichne ein, was noch fehlt, damit es aussieht wie ein richtiges Lineal.“ Diese Aufgabe eruiert, inwieweit die Kinder die Zeichen auf der Messskala (Zahlen und unterschiedlich lange Striche) bereits in ihre Vorstellung integriert haben und sie diese bzgl. der Veranschaulichung des Messprozesses interpretieren können.

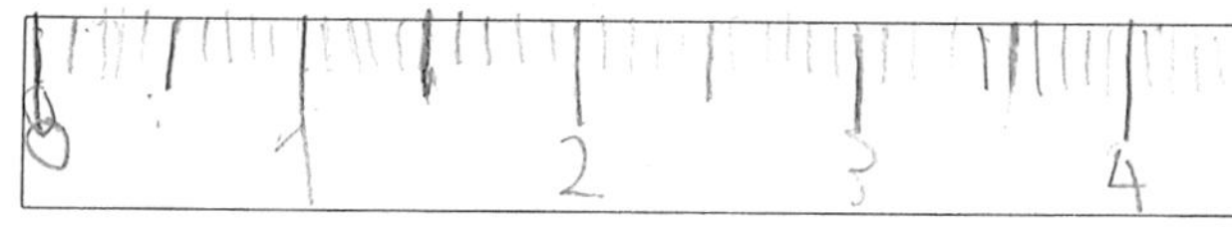

Aiden Klasse 3

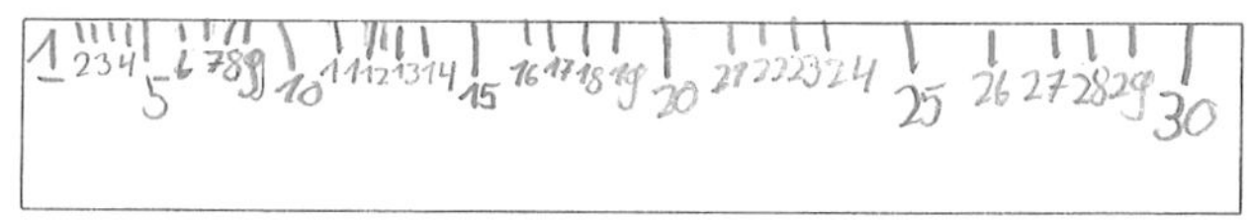

Eleny Klasse 3

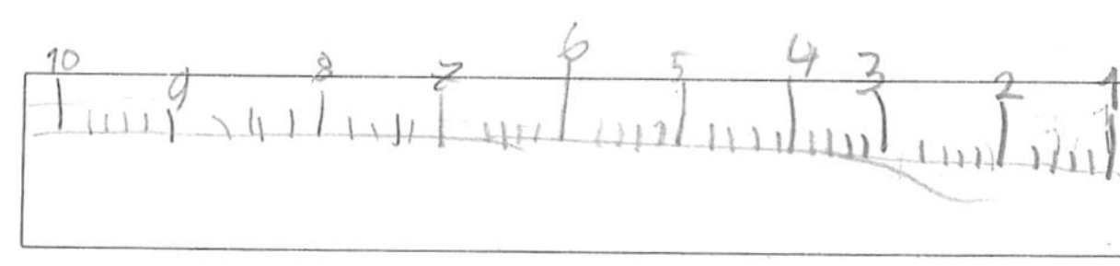

Nour Klasse 3

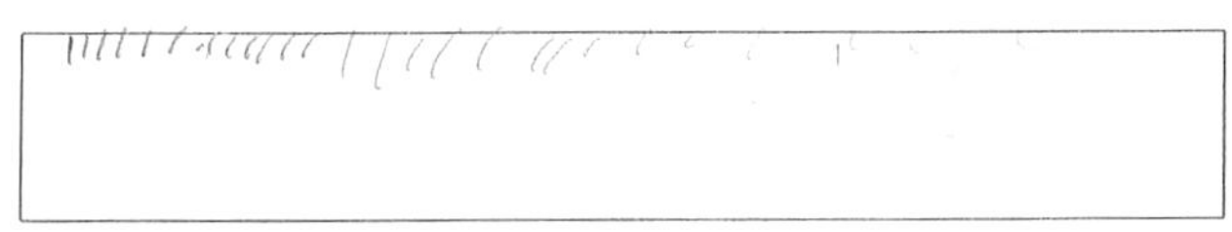

Azra Klasse 3

Es zeigte sich, dass einige Kinder nur Zahlen (allenfalls mit einzelnen Strichen) notierten. Diese Kinder interpretierten die Zeichen auf dem Lineal im arithmetischen Sinn und erkannten die Abstände nicht als Längeneinheiten. Gerade diese Kinder benötigen im Unterricht konkrete Messerfahrungen im Abtragen von Einheiten, aber auch für das selbstständige Erstellen von Skalen.

Nührenbörgers Aufgabenstellung lässt sich sehr gut auf andere Messinstrumente übertragen. Denn bei Messinstrumenten für Zeitspannen, Massen und Rauminhalten wird die Länge als Visualisierungshilfe genutzt. In unserer Erprobung zeigte sich, dass sich die Beobachtungen von Nührenbörger auf die anderen Messinstrumente übertragen ließen. Problemlos passte dieses Aufgabenformat für das Ziffernblatt der Uhr und den Messbecher. In den Abbildungen ist zu erkennen, welche Schwierigkeiten in der korrekten Darstellung der Uhr und des Messbechers stecken. Hat Hanno die Einteilung des Ziffernblattes in 12 Stunden schon ganz gut verstanden, so hat Sibel weniger Kenntnisse hinsichtlich des Aufbaus des Ziffernblattes einer Uhr. Ähnliche Auffälligkeiten zeigen die Zeichnungen von Ali und Clara.

Weniger geeignet scheint dieses Verfahren hinsichtlich der Messwerkzeuge für Gewichte. Diese Geräte sind in ihren Erscheinungsformen einfach zu verschieden und zudem oft digital.

Kopiervorlage 18 – **Messkompetenz fördern: Messgeräte in Klasse 2 vervollständigen**

Kopiervorlage 19 – **Messkompetenz fördern: Messgeräte in Klasse 3/4 vervollständigen**

Hanno Klasse 3

Sibel Klasse 3

Ali Klasse 3

Clara Klasse 3

Umgang mit Maßeinheiten

Eine Größe wird durch Maßzahl und Maßeinheit eindeutig beschrieben. In der Grundschule thematisieren wir vorrangig Maßeinheiten physikalischer und geometrischer Größen. Eine Ausnahme bildet der Größenbereich *Geldwert*. Damit Messwerte mit zu großen oder zu kleinen Zahlen vermieden werden können, werden bei den meisten Maßeinheiten Vorsätze genutzt. Leider sind sie nicht durchgängig einheitlich, sodass Kinder die Vorsätze jeder Größenart individuell lernen müssen. Selbst die vermeintlich durchgängige Verwendung der Vorsilbe „Milli" für das Tausendstel weist bei genauerer Betrachtung einige Tücken auf:

- Bei Längen und Rauminhalten wird damit das Tausendstel der Basiseinheit bezeichnet, bei der Masse hingegen nicht (hier ist die Basiseinheit Kilogramm und ein Tausendstel von Gramm ist ein Milligramm; und das Milligramm nutzen wir in der Grundschule kaum.).
- Bei Massen und Rauminhalten ist den Kindern die 1000er-Gliederung geläufig und wird unterrichtlich thematisiert, bei Längen jedoch kaum betrachtet. Hier stehen die Beziehungen m – cm und cm – mm im Vordergrund.

Für den Größenbereich *Zeit* werden keine Zehnerpotenzen genutzt, weshalb hier ein völlig anderes System an Vorzeichen gelernt werden muss. Es ist daher kaum verwunderlich, dass sich viele Kinder damit schwer tun, zu einer gemessenen oder erwähnten Größe die passende Einheit zu nennen. Denn es muss stets nicht nur die Einheit (m → 1 Meter, ℓ → 1 Liter, g → 1 Gramm, s → 1 Sekunde), sondern auch der passende Vorsatz mitgedacht werden.

In einer kleinen Untersuchung haben wir Kindern der 2. und 4. Klasse verschiedene Sätze vorgelegt, die sie vervollständigen sollten. Zur Festigung von Größenvorstellungen, aber auch zur Erfassung des Leistungsstandes in diesem Kompetenzbereich eignen sich entsprechende Lückentexte, die wir in den Erprobungsklassen (2. und 4. Klasse) eingesetzt haben. Es zeigte sich, dass die Kinder nicht kontinuierlich Schwierigkeiten bei der Wahl der passenden Einheit hatten, sondern es bei vielen Kindern individuell gelagerte und problematischere Größenbereiche gab.

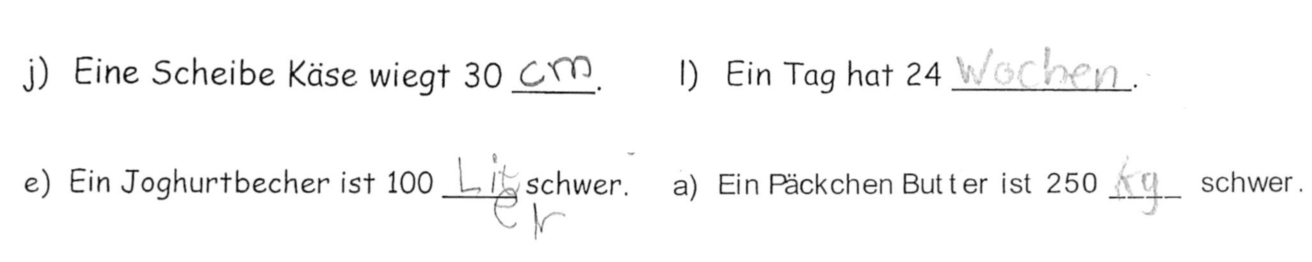

Der Größenbereich *Länge* konnte von den beteiligten Kindern am besten bewältigt werden. Das scheint daran zu liegen, dass die Kinder in diesem Größenbereich die meisten konkreten Messerfahrungen gesammelt haben. Weiterhin fiel auf, dass die Kinder besonders im Größenbereich *Rauminhalt* in der Regel wussten, dass „da irgendwas mit Liter" zu ergänzen war. Die Wahl des richtigen Vorsatzes fiel den Kindern schwer. Das liegt unter anderen wohl daran, dass Liter die Basiseinheit ist, die alltäglichen Erfahrungen jedoch meist im 100 ml-Bereich liegen. In der Regel werden zudem die Einheiten Liter und Milliliter erst in Klasse 4 eingeführt.

Größere Leistungsunterschiede führen wir vor allem auf unterschiedliches Allgemeinwissen zurück. Das wurde vor allem bei der folgenden Frage deutlich: „Im Januar 2020 fielen in Hannover 70 ______ Regen pro Quadratmeter." Mit dieser Vervollständigung konnten wenige

Kinder etwas anfangen. Die Kinder, die die Aufgabe lösen konnten, begründeten ihre Lösungen damit, dass sie zu Hause den Wetterbericht mit den Eltern hören oder gar im Garten ein Messgerät haben, welches die Niederschlagsmenge festhält. Alter und Elternhaus sind wesentliche Faktoren. „Das habe ich in der Schule so gelernt!" kam leider nie als Antwort. An dieser Stelle möchten wir Winters Forderung hervorheben, dass die Arbeit mit Größen im Mathematikunterricht auch immer ein Stück weit Sachunterricht sein sollte (vgl. WINTER 1994).

Kopiervorlage 20 – **Messkompetenz fördern: Maßeinheiten eintragen Klasse 1 und 2 nutzen**

Kopiervorlage 21 – **Messkompetenz fördern: Maßeinheiten eintragen Klasse 3 und 4 nutzen**

Messgeräte alternativ verwenden – Größen berechnen

Folgende Übung lässt sich zur Festigung der Messkompetenz gut in den Größenbereichen Länge, Gewicht und Zeitspannen durchführen. Unserer Erfahrung nach haben diese Übungen aber auch förderliche Wirkung auf das Operieren mit Zahlen:

Klasse 1 und 2

Papiermaßbänder aus dem Bau- oder Möbelmarkt oder günstige Plastiklineale werden am vorderen Ende abgerissen bzw. abgebrochen.

Stellen Sie der Lerngruppe die Frage, ob man damit noch messen kann. Schnell kommen die Kinder auf die Idee, dass man einfach nur eine andere Zahl als neuen Nullpunkt wählen muss und dann die Länge der Strecke durch Subtraktion bestimmen kann.

Gerade bei schwächeren Kindern besteht die Gefahr, dass die Streckenlängen ausschließlich zählend ermittelt werden. Hier sollte man darauf achten, dass man das Maßband an Stellen abtrennt (z. B. zunächst bei einem 10er oder 5er), die es ihnen ermöglichen, die Streckenlängen durch Kopfrechnen zu ermitteln.

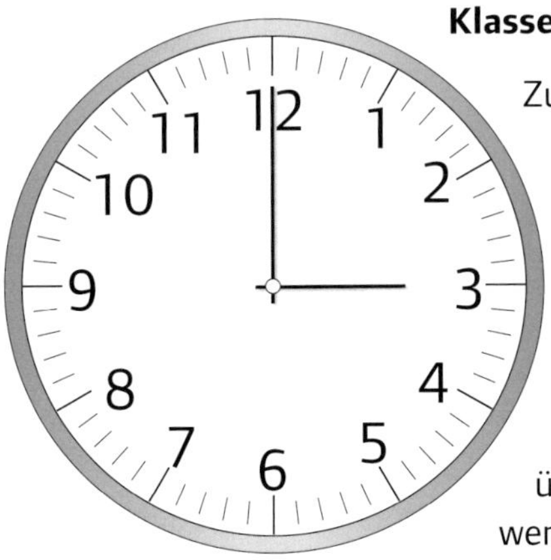

Klasse 2, 3 und 4

Zum Messen von Zeitspannen sind Stopp- oder Sanduhren die passenden Messgeräte.

Aber auch mit der Analoguhr können Zeitspannen bestimmt werden. Dafür ist es wichtig, Anfangs- und Endpunkt eines Vorganges festzuhalten.

So lernen die Kinder sowohl den begrifflichen Unterschied zwischen Zeitpunkt und Zeitspanne kennen und üben sich in der Subtraktion im Zahlenraum bis 100, wenn man Minutenspannen bestimmen lässt.

Klasse 3 und 4

Diese Übung kann man am besten mit einer analogen Feder- oder Küchenwaage durchführen. Wenn Sie aus Federwaagen wählen können, dann nehmen Sie die Waage mit einer maximalen Anzeige von 1 kg. Kleben Sie im nächsten Schritt die Skala bis ca. 300 g ab. Es können sich nun Forscheraufträge anschließen. Zum Beispiel:

„Du siehst, dass bei der Waage ein Teil der Skala fehlt. Kannst du damit trotzdem 250 g Erbsen abwiegen?"

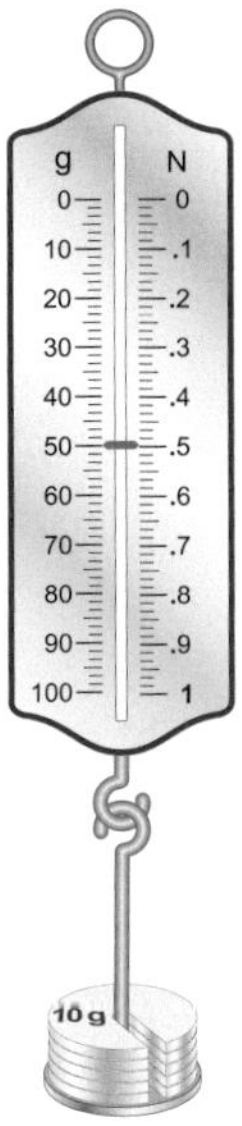

In unseren Erprobungsklassen haben die Kinder dabei unterschiedliche Verfahren gewählt, die man im Anschluss gut diskutieren konnte:

- Die einen füllten so viele Erbsen in den Behälter, bis ein glatter 100er-Wert angezeigt wurde. Dann wurden so lange Erbsen herausgenommen, bis die Waage 250 g weniger anzeigte.
- Die anderen gingen ähnlich vor und füllten auch bis zu einem glatten 100er-Wert. Sie nahmen dann im Anschluss einen Messbecher und normierten ihn gleichsam mit der Waage. Mit diesem normierten Messbecher konnte dann jede Größe abgemessen werden.

In den folgenden Abschnitten wird im Speziellen beleuchtet, was Messen in den jeweiligen Größenbereichen bedeutet und an Beispielen erläutert, wie der Messprozess im Unterricht thematisiert werden kann. Es folgen dann Kopiervorlagen für die Förderung der Messkompetenzen.

8.3 MESSKOMPETENZEN VON LÄNGEN FÖRDERN

Was heißt das Messen von Längen konkret?

Um das Prinzip des Messens im Größenbereich Längen den Kindern zu veranschaulichen, bietet sich das Messen von Strecken mit Meterstäben oder ein Meter langen Fäden an. Der Stab/Faden wird so oft lückenlos an die Strecke gelegt, bis das Ende erreicht ist. Ist die Strecke aber noch ein Stückchen länger, aber zu kurz für das Anlegen eines weiteren Meterstabs, muss der Stab in die nächstkleinere Einheit zerlegt werden.

Kopiervorlage 22 – **Längen messen: Längen mit meinen Körpermaßen messen**

8.4 MESSKOMPETENZEN VON GEWICHTEN FÖRDERN

Was heißt das Messen von Gewicht konkret?

Was das Messen von Gewicht bedeutet, lässt sich sehr anschaulich an einer Balkenwaage erläutern. Das zu wiegende Objekt liegt auf der einen Seite. Und es werden so lange gleich schwere Wägestücke auf die andere Seite gestellt, bis ein Gleichgewicht herrscht. Kommt dies nicht zustande, muss ein Repräsentant verkleinert werden.

Kopiervorlage 23 – **Gewicht und Rauminhalt messen: Wir bauen einen Messbecher**

Hinweis: Das Experiment „Wie schwer sind Mehl und Zucker im Messbecher?“ KV 47 könnte zur Vorbereitung des Messgerätebaus eine günstige Voraussetzung sein.

8.5 MESSKOMPETENZEN VON ZEITSPANNEN FÖRDERN

Was heißt das Messen von Zeitspannen konkret?

Im Größenbereich *Zeitspannen* kann nur die Dauer von Vorgängen gemessen werden, die gerade in dem Moment, in dem gemessen werden soll, ablaufen. Ein schönes Beispiel ist der Hundertmeterlauf. Mit dem Startschuss startet man die Stoppuhr (analog und nicht digital). Mit jeder Sekunde streicht der Zeiger über einen Bereich auf der Skala. Die kann man sich wie das nacheinander Umdrehen von lauter kleinen Sanduhren einer Sekunde vorstellen. Kommt der Läufer ins Ziel bevor die letzte Sanduhr durchgelaufen ist, muss die nächst kleinere Sanduhr/Einheit gewählt werden. Problematisch an dieser Erklärung ist, dass ich eigentlich vorher wissen muss, dass der Läufer vor dem Ablaufen der letzten Sanduhr ins Ziel kommt, um die kleinere Sanduhr rechtzeitig zu wählen.

Kopiervorlage 24 –
Zeitspannen messen: Zeitdauer messen mit Sanduhren

8.6 MESSKOMPETENZEN VON RAUMINHALTEN FÖRDERN

Was heißt das Messen von Rauminhalt konkret?

Im Größenbereich *Rauminhalt* lässt sich das Prinzip des Messens mit Messbechern am besten veranschaulichen. Ein Eimer soll mit Wasser gefüllt werden. Man füllt nacheinander jeweils 1 Liter mit dem Messbecher in den Eimer. Ist der Eimer am Ende noch nicht ganz voll, würde aber überlaufen, wenn man einen weiteren Liter hinzu gießt, dann wählt man einen kleineren Messbecher, also die nächstkleinere Einheit. Das könnte insofern problematisch werden, weil das Vermuten des überlaufenden Wassers gewisse Erfahrung erfordert.

Kopiervorlage 25 –
Rauminhalt messen: Da passt sicherlich viel mehr hinein, oder?

8.7 MESSKOMPETENZEN VON FLÄCHENINHALTEN FÖRDERN

Was heißt das Messen von Flächeninhalten konkret?

Das Messen von Flächeninhalten veranschaulicht man mit den Kindern durch das lückenlose Auslegen von Flächen mit Einheitsquadraten. Hat man eine Fläche ausgelegt und es bleibt noch ein wenig freier Platz, dann nimmt man kleinere Einheitsquadrate.

Besonders beim Messen auf diese Weise wird schnell deutlich, dass Messen nie genau sein kann. Besonders bei beliebigen Flächen werden immer Lücken bleiben.

Daher wird dann in der Regel ab Klasse 5 das Messen von Rechtecksflächen über die Gleichung Flächeninhalt = Länge mal Breite eingeführt.

Beobachten Sie sich doch bitte einmal selbst: Welchen Flächeninhalt hat der Fußboden des Raumes, in dem Sie sich gerade befinden? Wahrscheinlich schätzen Sie die Größe nicht über das gedankliche Auslegen des Raumes mit Einheitsquadraten, sondern Sie schätzen Länge und Breite des Raumes und multiplizieren die Werte.

Kopiervorlage 26 – **Flächeninhalt messen: Wie viel Schokolade ist es?**

Das Messen mit Einheitsquadraten ist also wirklich nur eine Veranschaulichung für die Einführung der Flächenmessung und wird dann später durch andere Veranschaulichungen abgelöst.

8.8 MESSKOMPETENZEN VON GELDWERTEN FÖRDERN

Was heißt das Messen von Geldwerten konkret?

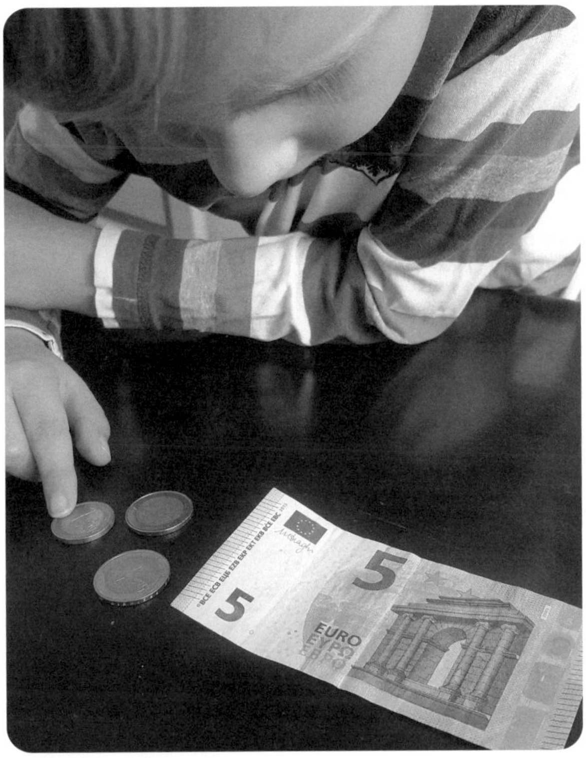

Gleich viel wert!

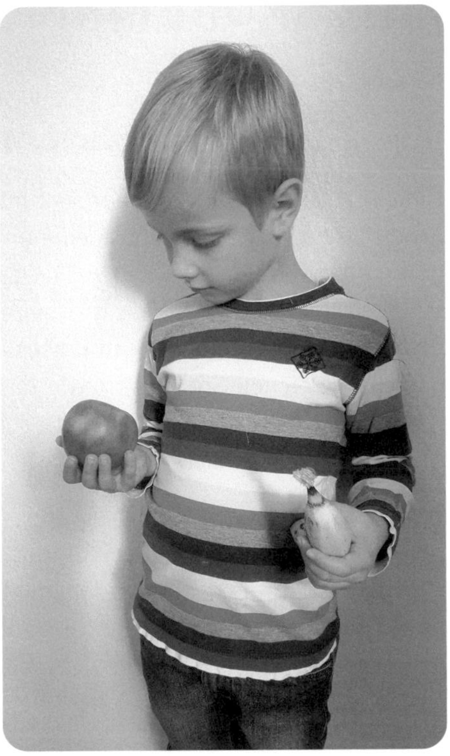

Gleich viel wert?

Nicht in allen Größenbereichen können Messvorgänge so anschaulich beschrieben werden. So muss man zum Beispiel im Größenbereich *Geldwerte* darauf achten, dass man sich hier zunächst auf den Vergleich von verschiedenen Kollektionen von Scheinen und Münzen konzentriert. Die Kinder sollen in die Lage versetzt werden, zwischen Anzahl von Scheinen und Münzen und dem nominellen Wert zu unterscheiden.

Besondere Schwierigkeiten entstehen dann, wenn man die Relation wertgleich an konkreten Repräsentanten, die man käuflich erwerben kann, festmachen möchte. So kann die Frage gestellt werden, warum 1 kg Bananen weniger wert ist als ein 1 kg Äpfel. Denn in der Auseinandersetzung mit dem Wertbegriff spielen noch viele weitere politische und ökonomische Aspekte eine Rolle, die nicht alle im Mathematikunterricht thematisiert werden können. Viele Lehrkräfte sind der Meinung, dass das Messen von Geldwerten nicht möglich sei und begründen diese Aussage mit einem fehlenden typischen Messgerät. Aber es gibt auch, wie u. a. in den Potsdamer Studien, die Aussage, dass das Messen von Geldwerten als ein Zuordnen einer positiv reellen Zahl zu einer Kollektion von Scheinen und Münzen zu verstehen ist (vgl. Kap. 6.5: „Besonderheiten des Größenbereiches Geld".)

Kopiervorlage 27 –
Geldbeträge messen: Geldbeträge erkennen, legen und wechseln

ZUR AUSBILDUNG VON KÖNNEN IM UMRECHNEN VON UND IM RECHNEN MIT GRÖßENANGABEN

9.1 ZU NOTWENDIGEN VORAUSSETZUNGEN

Um ein ausreichendes Verständnis für das Umrechnen von und das Rechnen mit Größenangaben zu gewährleisten, muss eine entsprechende Kompetenz zu den **Größenvorstellungen** vorhanden sein (vgl. Kap. 6.1). Daran sollte kontinuierlich während der gesamten Grundschulzeit und darüber hinaus gearbeitet werden. Für die Entwicklung von Größenvorstellungen sind wiederum **Schätz- und Messübungen** notwendig. Diese sollten deshalb im Unterricht den gleichen Stellenwert wie das Ausbilden von Rechenfertigkeiten einnehmen. Fest installierte Schätzstationen („Meterausstellung", „Kilogrammmuseum") unterstützen diese Arbeit dabei wesentlich (vgl. Kap. 5).

Für ein entsprechend qualitativ angestrebtes Niveau bei den Schätzleistungen der Kinder sind einerseits ausreichende Stützpunktwerte notwendig, die in jedem Falle aus dem ganz individuellen Umfeld der Kinder entstammen sollten. Andererseits sollten zu den **Stützpunktwerten** aber auch Kenntnisse über **Schätzstrategien** und ausreichende Fähigkeiten im Anwenden dieser Strategien vorhanden sein. Schätzstrategien sind:

a) das direkte mentale oder b) das indirekte mentale Vergleichen.

BEISPIEL: Schätze, wie hoch das Haus ist. Beschreibe, wie du vorgegangen bist.

Das Haus ist etwa 10 Meter hoch, denn ich weiß, dass der Fahnenmast daneben 5 Meter hoch ist. Das Haus ist doppelt so hoch wie der Fahnenmast. – *Der Fahnenmast ist also direkt zum Vergleichen vorhanden.*

Das Haus ist etwa 10 Meter hoch, denn ich weiß, dass mein Onkel sogar 1,95 Meter groß ist. Er würde fünfmal übereinander passen. Und noch ein Stückchen darüber bleibt noch. – *Größe des Onkels kann nur indirekt aus der Vorstellung heraus zum Vergleichen herangezogen werden.*

Das empfohlene Größenbuch (vgl. Kap. 7) kann sowohl für die Merkhilfen zu den Stützpunktwerten als auch für die Schätzstrategien eine Hilfe und Unterstützung sein, denn jedes Kind kann sein Größenbuch immer dann nutzen, wenn es die eine oder andere Merkhilfe abrufen will. Zunehmend müssten diese Kenntnisse jedoch zu einer Art Grundwissen bei jedem Kind werden und flexibel einsetzbar sein. Nur unter den beschriebenen Bedingungen kann sich das Schätzen sukzessive vom Raten unterscheiden. Wenig erfolgversprechend für die Entwicklung von Größenvorstellungen wird ein temporäres Arbeiten sein, wenn wir uns beispielsweise nur an den wenigen Lehrbuchseiten orientieren, sondern die Thematik sollte regelmäßig immer wieder im Mathematikunterricht ihren festen Platz haben.

Kopiervorlage 28 – **Einprägen von Stützpunktwerten: Merkhilfen zum Schätzen**

9.2 Zum Ausbilden von Können im Umrechnen von Größenangaben

Das Umrechnen (Umwandeln, Verfeinern, Vergröbern) wird in der letzten Phase der didaktischen Stufenfolge (vgl. Kap. 3) empfohlen. Gründe dafür liegen in der notwendigen Erweiterung des Zahlenraumes. Noch wichtiger aber dafür sind die für das Umrechnen notwendigen Voraussetzungen, die sich aus den vorangehenden Stufen ergeben und im Kapitel 9.1 noch einmal explizit beschrieben wurden.

Auch ein formales Umrechnen ohne Sachbezug lässt die Kinder mit ihren errechneten Ergebnissen unkritisch umgehen und fördert auch kaum das so bedeutsame Argumentieren wie ein Hinterfragen oder Überprüfen von berechneten Größenangaben.

BEISPIEL: „Ein Eisenbahnzug hat 18 Wagen. Jeder Wagen wiegt 50 kg. Zunächst waren 32 Personen im Zug. Dann steigen 5 Personen aus und später steigen 37 ein. Wie schwer ist der Zug?"

GRASSMANN (2001) beobachtete bei Kindern, dass diese auf unterschiedliche Weise das Gewicht des Zuges mit 900 kg berechneten. Weder Kinder, noch Studierende hinterfragten den sachlichen Bezug (Kann das stimmen?). Erst nach einer ausführlichen Diskussion, ob keinem bei dem Gewicht von 50 kg für einen Eisenbahnwagen etwas auffällt, erschien den Kindern das Gewicht doch etwas zu gering und sie waren jetzt bereit, Erkundungen über das Gewicht von Eisenbahn- und Straßenbahnwagen einzuholen.

Eine Lehrerin erlebte selbst beim Lösen dieses Problems in ihrer Klasse, dass ein Kind auf Nachfrage, ob die Informationen denn stimmen können, sagte: „Das kann nicht sein, denn dann würde ja ein Eisenbahnwagen so schwer wie meine Mutter sein." Hier half dem Kind ein individueller Stützpunktwert, den Sachverhalt zu prüfen.

Wollen wir Können im Umrechnen von Größenangaben ausbilden, sind neben einem passenden Sachbezug auch die unterschiedlichen Fälle des Umrechnens zu bedenken. Dabei handelt es sich um Größenangaben mit einer Einheit, mit zwei Einheiten und in dezimaler Schreibweise (vgl. Kap. 3).

Größenangaben können umgewandelt werden:

- von einer größeren Einheit in eine Größenangabe mit einer kleineren Einheit und umgekehrt,
- von einer Größenangabe mit einer Einheit in eine Größenangabe mit zwei Einheiten und umgekehrt,
- von einer Größenangabe mit zwei Einheiten in eine Größenangabe in dezimaler Schreibweise und umgekehrt,
- von einer Größenangabe mit einer Einheit in eine Größenangabe in dezimaler Schreibweise und umgekehrt.

Anfangs ersetzen die Kinder beispielsweise bei Längenangaben mit der Umrechnungszahl 10 eine Größenangabe mit einer Einheit in die benachbarte Einheit (Gib 5 cm in Millimeter an.). Hier sprechen wir eher nur vom Umwandeln der Größenangabe. Erst wenn tatsächlich zum Angeben der Größe in eine andere nicht benachbarte Einheit das Rechnen notwendig wird, nutzen wir den Begriff des Umrechnens, wobei wir diese Unterscheidung der Begriffe bei Grundschulkindern nicht als notwendig erachten. Für das Umrechnen von Größenangaben mit zwei Einheiten bietet sich zu Beginn das Darstellen in Tabellen zuerst für Geldwerte und danach für Längenangaben an. Statt des Spaltenstriches in der Tabelle nutzen die Kinder zur

Trennung der beiden Einheiten ganz formal das Komma. Das kann schon ab Klasse 2 geschehen.

€	ct	
6 €	25 ct	6,25 €

6,25€

m	cm	
12 m	45 cm	12,45 m

12,45 m

(exakte Sprechweise: 6 € 25 ct oder 6 € 25 bzw. 12 m 45 cm oder 12 m 45)

Erst in späteren Schuljahren erwerben die Kinder ein Verständnis für eine dezimale Schreibweise, beispielsweise mit einer Stellenwerttafel (vgl. S. 65 bzw. S. 75).

Hilfreich ist auch, wenn die Kinder im Verlaufe der Arbeit mit den unterschiedlichen Einheiten einer Größe dabei das Systematisieren von Einheiten und deren Sinn zu jedem Größenbereich erlernen. Beim Kennenlernen jeder neuen Einheit wird diese in das System eingeordnet und damit erweitert. Dieses Systematisieren-Können von Kenntnissen hilft oft, Vergessenes wieder zunehmend aus dem Gedächtnis abzurufen. Die Beziehung zwischen Zahlenwert und Einheit beim Umrechnen konnten Kinder bereits beim indirekten Vergleichen von realen Repräsentanten und der entsprechenden Größenangabe mit nicht standardisierten Einheiten sehr früh beobachten (Klassenraumlänge mit Schritt- und mit Fußlängen messen und Reflektieren in Klasse 1/2 darüber, wie sich dabei der Zahlenwert verändert.).

Die Regel, dass die Maßzahl größer wird, wenn ich von einer größeren Einheit in eine kleinere Einheit umrechnen will, und umgekehrt wird die Maßzahl kleiner, wenn ich von einer kleineren Einheit in eine größere Einheit umrechne, kann sich so schon früh auf anschaulicher Ebene entwickeln (vgl. nachfolgenden Praxistipp).

Kopiervorlage 29 – **Einführung des Verfahrens für das Ausbilden von Können im Umrechnen von Größenangaben: Merkhilfen zum Umrechnen von Größenangaben**

Kopiervorlage 30 – **Systematisierung der Kenntnisse zum Verfahren des Umrechnens von Größenangaben: Umrechnen von Größenangaben**

Sind genügend Einheiten zu einem Größenbereich bekannt, kann eine Systematisierungshilfe („Merkhilfe“) mit den Kindern erstellt werden. Dabei sind Kenntnisse zu Vorsilben (vgl. Kap. 5 und 8) und den entsprechenden Umrechnungszahlen hilfreich.

Folgende Aufgaben können den Kindern beim Einordnen der Einheiten in das bekannte Begriffssystem helfen bzw. als Merkhilfe dienen:

1. Nenne alle Einheiten der *Länge* (ebenso bei den anderen Größenarten wie *Zeit*, *Gewicht*, *Rauminhalt*).
2. Schreibe sie geordnet auf. Beginne mit der kleinsten Einheit.
3. Ordne dann die Umrechnungszahlen zu.
4. Kennzeichne mit Pfeilen die Rechenoperationen.
5. Trage diese Merkhilfe in dein Größenbuch ein.

Eine Merkhilfe zum Systematisieren und zur Erleichterung des Umrechnungsprozesses könnte auch mit einer Geschichte, die eine Lehrerin erfolgreich im Unterricht einsetzte und von den Drittklässlern als echte Hilfe verstanden wurde, gearbeitet werden.

Praxistipp (Klasse 3/4):

So kann es gehen: Die Lehrkraft fordert die Kinder zu Beginn auf, die Aufgaben 1 und 2 zu lösen.

1. Wie viel Zentimeter sind 35 m?

2. Wie viel Meter sind 3 000 mm?

Die Kinder versuchen, die Aufgaben zu lösen und beschreiben dann ihr mögliches Vorgehen. Sollten sich dabei Schwierigkeiten zeigen, könnte vielleicht die Idee der Lehrerin helfen. Sie erzählt, welchen Trick Anna als Merkhilfe für das Umrechnen erfunden hat.

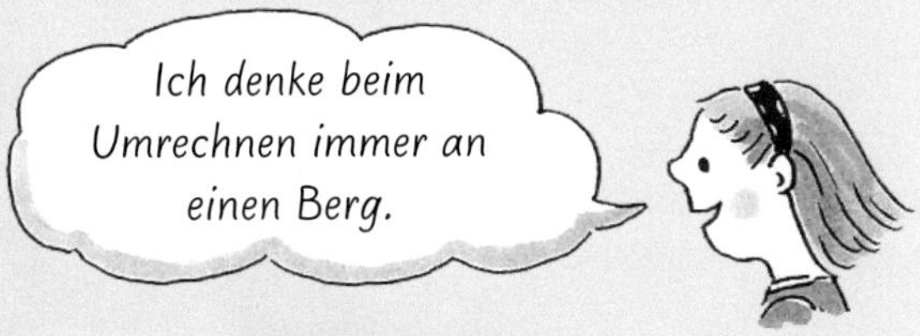

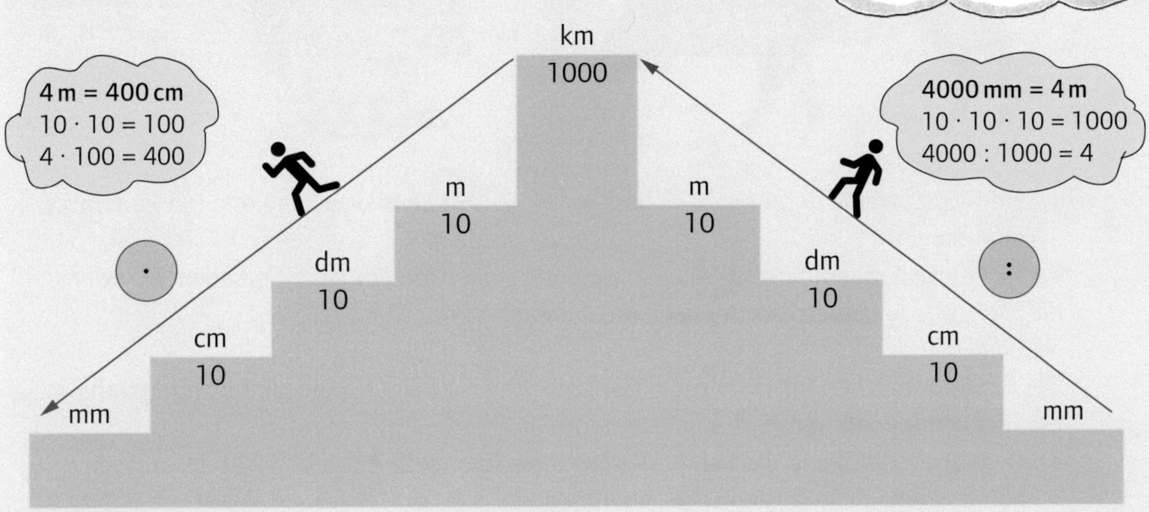

Anna sagt:

*Wenn ich den Berg nach unten laufe, wird meine Kraft immer **mehr**. Deshalb merke ich mir, dass auch der Zahlenwert beim Umrechnen **größer** wird.*

*Also muss ich **multiplizieren** (malnehmen).*

Anna probiert das für Aufgabe 1 aus.

1. *Ich muss von Meter in Zentimeter umrechnen.* (Trick: von oben nach unten)
2. *Ich muss malnehmen.*
3. *Welche Umrechnungszahl?*

   m dm cm

   10 · 10 = 100
4. *Ich rechne: 35 · 100 = 3 500*
5. *Ich notiere: 35 m = 3 500 cm*

*Wenn ich den Berg nach oben steige, wird meine Kraft immer **weniger**. Deshalb merke ich mir, dass auch der Zahlenwert beim Umrechnen **kleiner** wird.*

*Also muss ich **dividieren** (teilen).*

Anna probiert das für Aufgabe 2 aus.

1. *Ich muss von Millimeter in Meter umrechnen.* (Trick: von unten nach oben)
2. *Ich muss teilen.*
3. *Welche Umrechnungszahl?*

   m dm cm mm

   10 · 10 · 10 = 1000
4. *Ich rechne: 3 000 : 1000 = 3*
5. *Ich notiere: 3 000 mm = 3 m*

Für leistungsstarke Kinder kann die Lehrkraft, während sie mit den Kindern Annas Trick ausprobiert, die nachfolgende Aufgabe stellen und das Ergebnis am Ende der Stunde präsentieren lassen.

Kann es stimmen, dass du in einer Minute 100 000 mm weit gehen kannst?

Ein Praxistipp, wie das Umrechnen im Unterricht auch ablaufen könnte.

Praxistipp (Klasse 3/4):

Nachfolgende Aufgaben werden angeboten:

1. Ein Wildschwein kann etwa 220 000 g schwer sein.

2. Ein Eichhörnchen kann 0,3 kg schwer sein.

Versuche, die Größenangaben in einer anderen sinnvollen Einheit anzugeben. Du kannst die Merkhilfe in deinem Größenbuch dazu nutzen.

Die Kinder versuchen mit oder ohne Größenbuch eine Hilfe für die Umrechnungszahlen und Rechenoperationen (Systematisierungshilfe/Merkhilfe) zu finden.

a) Gegebenenfalls kann die Lehrkraft für Kinder, die diese Aufgabe nicht allein lösen können, inhaltlich-strategische Hilfen geben.
b) Oder es können auch richtige Beispiellösungen von anderen Kindern sein, deren Handlungsfolge diskutiert wird (Emil hat so umgerechnet. Wie willst du umrechnen?).
c) Oder man kann auch inhaltliche Hilfen geben, (schrittweise entsprechend der Impulsfolge, die ganz individuell für das jeweilige Kind geeignet ist, das große Unterstützung benötigt).

Fazit der Übungen zu mehreren Sachverhalten ist dann eine Verallgemeinerung des Vorgehens, welche mit den Kindern gemeinsam diskutiert wird. Dazu kann ein Poster entwickelt werden oder die Kinder notieren davon eine Kurzform in ihr Größenbuch.

Beispiel: So rechne ich Größenangaben um:

a) Überlege, welche Einheit sinnvoll ist.
b) Überlege, ob du von einer größeren in eine kleinere Einheit oder umgekehrt umrechnen willst.
c) Erkunde die passende Umrechnungszahl.
d) Überlege, ob du malnehmen oder teilen musst.
e) Rechne und überprüfe.
f) Setze die neue Einheit ein und antworte. Überlege: Kann das stimmen?

1. a) größere Einheit ist kg
b) von g in kg umwandeln
c), d) teilen durch 1000
e) 220 000 : 1000 = 220
f) 220 kg
Das Wildschwein wiegt 220 kg.

2. a) kleinere Einheit ist g
b) von kg in g umwandeln
c), d) malnehmen mit 1000
e) 0,3 · 1000 = 300
f) 300 g
Das Eichhörnchen wiegt 300 g.

In weiteren Übungen kann dann das Vorgehen immer wieder vollzogen und beschrieben werden, um sukzessive eine gewisse Verinnerlichung des Prozesses zu entwickeln. Dabei werden die helfenden Impulse immer kürzer und es bleiben für den Umrechnungsprozess nur noch Stichwörter (Umwandlungszahl und Rechenoperation) übrig. Die vorgegebenen Aufgaben können gleichen Schwierigkeitsgrades, aber auch unterschiedlichen Schwierigkeitsgrades sein. Die Aufgabenauswahl wird durch die Lernvoraussetzungen bestimmt. Sicherlich ist es jedoch sinnvoll, wenn Umrechnungen zur Größenart Länge am Anfang der Behandlung stehen.

Das Umrechnen-Können von Größenangaben hilft aber auch, Einsichten in das dekadische Zahlensystem (außer Größenart *Zeitdauer*) bei natürlichen Zahlen zu festigen und unterstützt immanentes Üben und ein Verinnerlichen von Rechenstrategien.

Für das Arbeiten mit dem dezimalen Größensystem, was in einigen Bundesländern ab Klasse 5/6 erst thematisiert wird, kann eine Stellenwerttafel sinnvoll sein. Diese kann anfangs mit den Kindern sukzessive gemeinsam für das Größenbuch erarbeitet und dann als Muster für Umrechnungsaufgaben genutzt werden.

1 kg	100 g	10 g	1 g	Kommaschreibweise	Angabe mit zwei Einheiten	Angabe mit einer Einheit
5	5	0	0	5,5 kg	5 kg 500 g	5500 g
5	0	5	0	5,05 kg	5 kg 50 g	5050 g
5	0	0	5	5,005 kg	5 kg 5 g	5005 g

1 t	100 kg	10 kg	1 kg	Kommaschreibweise	Angabe mit zwei Einheiten	Angabe mit einer Einheit
5	5	0	0	5,5 t	5 t 500 kg	5500 kg
5	0	5	0	5,05 t	5 t 50 kg	5050 kg
5	0	0	5	5,005 t	5 t 5 kg	5005 kg

	1 dt	10 kg	1 kg	Kommaschreibweise	Angabe mit zwei Einheiten	Angabe mit einer Einheit
	5	5	0	5,5 dt	5 dt 50 kg	550 kg
	5	0	5	5,05 dt	5 dt 5 kg	505 kg

9.3 Zum Ausbilden von Können im Rechnen mit Größenangaben

Das Umrechnen ist häufig eine notwendige Voraussetzung für das Rechnen mit Größen und das besonders beim Anwenden dieser Kompetenzen für das Lösen von Sachaufgaben, wenn Kinder vor allem das mathematische Modell innerhalb des Modellierungsprozesses bearbeiten. Das bedeutet, dass sie auch in der Lage sein müssen, entsprechende Rechenverfahren (mündliche oder schriftliche Rechenverfahrenen) sowie die notwendige Verknüpfungen des Addierens oder Multiplizierens einzusetzen.

Dafür müssen Kinder mit den unterschiedlichen Arten der Größenangaben umgehen können. Anfangs werden von den Größenangaben die Maßzahlen addiert oder subtrahiert und i. d. R. dann danach die entsprechende Einheit zugeordnet. Das beginnt meistens beim Rechnen mit Geldwerten und wird dann sukzessive auf Längen, Massen und weitere Größen übertragen.

Das Rechnen mit der Größe *Zeit* nimmt wieder eine Sonderstellung aufgrund des nicht dekadischen Systems ein. Hier erlernen die Kinder über die sogenannten Grundaufgaben Strategien zum Rechnen mit Zeitangaben, was mit der Angabe voller Stunden beginnt und in Angaben mit zwei Einheiten fortgesetzt wird. Zeitspannen können über die Angaben von Anfangs- und Endzeitpunkt berechnet werden.

BEISPIEL: Wie lange fährt der Zug von Wolfsburg nach Berlin, wenn er 14.43 Uhr abfährt und 15.59 Uhr in Berlin ankommt?

Hierzu können Kinder unterschiedliche Wege gehen:

Emil rechnet: 14.43 Uhr →(+ 1 h) 15.43 →(+ 16 min) 1 h 16 min

Lea nutzt ein Uhrenmodell: 14.43 Uhr — 15 Uhr — 15.59 Uhr

+ 17 min + 59 min

Sie rechnet: 17 min + 59 min = 76 min = 1 h 16 min

Ali rechnet: 14.43 Uhr →(+ 17 min) 15 Uhr →(+ 59 min) 15.59 Uhr

Er rechnet: 17 min + 59 min = 76 min = 1 h 16 min

Die drei Grundaufgaben zu Zeitberechnungen können nach einer Diskussion mit den Kindern über verschiedene Rechenwege auch in einer tabellarischen Darstellung für das Größenbuch als weitere Merkhilfe erarbeitet und notiert werden. Jedes Kind kann dann seinen eigenen Rechenweg im Größenbuch festhalten.

Anfangszeitpunkt (Uhr)	Endzeitpunkt (Uhr)	Zeitdauer (h, min)
14.43	15.59	?
14.43	?	1 h 16 min
?	15.59	1 h 16 min

In den Klassenstufen 3/4 (Fortsetzung in Klasse 5 und 6) rechnen die Kinder dann mit Größenangaben für die Länge, das Gewicht, den Rauminhalt, die mit zwei Einheiten bzw. in dezimaler Schreibweise angegeben sind. Hier kann häufiger der Fall eintreten, dass die Angaben zuerst alle in Größenangaben mit der gleichen Einheit umgewandelt werden. Allerdings sollte kein Kind daran gehindert werden, wenn es mit Größenangaben, die in zwei Einheiten bzw. in dezimaler Angabe dargestellt sind, auch so rechnet.

BEISPIEL FÜR EINE MÖGLICHE NOTATION:

2 kg 430 g + 870 g = 2 430 g + 870 g = **3 300 g = 3 kg 300 g** oder später **3,3 kg**

2 430 + 870 = 3 300 (Rechnen kann ohne Maßeinheiten erfolgen. Diese wird dann am Ende der Rechnung wieder zugeordnet.)

Beim Vervielfachen und Teilen von Größen muss beachtet werden, dass dabei ein Faktor eine Größenangabe und der zweite Faktor eine natürliche Zahl ist. Bei der Division kann der Dividend eine Größenangabe sein, dann muss der Divisor eine natürliche Zahl und der Quotient wiederum eine Größenangabe sein: (20 m : 5 = 4 m). Oder es können sowohl Dividend als auch Divisor eine Größenangabe sein, dann ist der Quotient eine natürliche Zahl (Wievielmal passt ein 5-m-Stab in eine Strecke von 20 m?). Hier wird nochmal der enge Zusammenhang zwischen Zahlen und Größen deutlich.

BEISPIEL EINER MÖGLICHEN NOTATION FÜR DAS MÜNDLICHE (HALBSCHRIFTLICHE) RECHNEN:

15 t · 4 = **60 t**	6 km 400 m : 8 = **800 m**
15 · 4 = 60	6 400 : 8 = 800

Die Erfahrungen in der Schule zeigen, dass schriftliche Verfahren des Rechnens mit Größenangaben weniger problematisch sind. Fehler können auftreten, wenn mit zwei Einheiten gerechnet wird und bei der kleineren Einheit ein Überschreiten bei den Maßzahlen notwendig ist.

BEISPIEL:

12 km 38 m	12 km 38 m
+ 25 km 87 m	+ 25 km 87 m
37 km 125 m	38 km 25 m

Welches Ergebnis ist nun richtig?

Eine Diskussion mit den Kindern über fehleranfällige Strategien ist auf jeden Fall zu empfehlen.

Ausgewählte Unterrichtsideen für die gemeinsame Thematisierung von Zahlen und Größen

10.1 Längen – Klasse 2: Zahlbeziehungen im Zahlenraum bis 100 und die Einführung des Meters

Hintergrund – darum geht es

Zu Beginn des zweiten Schuljahres wird der Zahlenraum bis 100 systematisch erarbeitet. Besonders Kinder, die noch stark im zählenden Rechnen verhaftet sind, stehen hier erfahrungsgemäß vor der Herausforderung, tragfähige Vorstellungen dieses Zahlenraumes aufzubauen, die ihnen dabei helfen können, sich vom Zählen zu lösen. Ihnen hilft es sehr, wenn sie Zahlbeziehungen als Längenbeziehungen „abspeichern".

Ein häufig genutztes Veranschaulichungsmittel zu diesem Zeitpunkt ist der Zahlenstrahl. Er verkörpert besonders gut die fundamentale Idee der Zahlenreihe. Mit der Idee des „immer eins weiter" repräsentiert der Zahlenstrahl die Unendlichkeit der natürlichen Zahlen (vgl. Schipper 2009, S. 43). Nachbarschaftsbeziehungen, insbesondere die Nachfolger- und Vorgängerrelation, werden besonders gut deutlich (vgl. Schipper 2009, S. 43). Auf dem Strahl werden in normierten Abständen die Zahlen angeordnet. Die Fünfer- und Zehnerbündelung wird häufig mit einem dickeren Strichen optisch hervorgehoben. Maßstäbliche Verkleinerungen erlauben problemlos eine Erweiterung eines Zahlenstrahls auf alle Zahlenräume. Dabei bleiben alle wesentlichen Strukturen erhalten (vgl. Käpnick 2014).

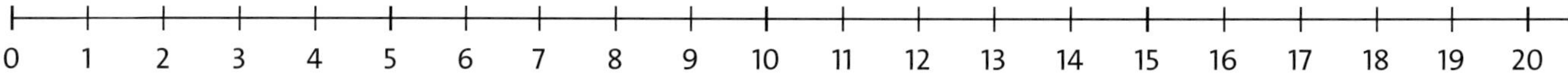

Für uns Erwachsene mag die Beschreibung und die Darstellung eines Zahlenstrahls sehr einfach erscheinen. Doch Schülerinnen und Schüler müssen diese Details erst einmal verstehen und verinnerlichen. Ein wichtiger Punkt sind dabei die normierten Abstände auf dem Zahlenstrahl. Katharina (Klasse 1) wurde aufgefordert, einen Zahlenstrahl zu vervollständigen. Dabei macht sie schon einiges richtig; sie beachtet die Abstände zwischen den einzelnen Zahlen. Lediglich der Abstand zwischen der 9 und der 10 ist zu groß geworden.

Die Analogien zwischen Zahlenstrahl und Lineal sind unmittelbar einsichtig. Und die Aufforderung, selbst ein Lineal zu vervollständigen, damit es aussieht wie ein richtiges Lineal (vgl. Nührenbörger 2002), stellt Schülerinnen und Schüler vor ähnliche Herausforderungen wie die Vervollständigung eines Zahlenstrahls. So verteilt Timo (Klasse 3) zwar alle Zahlen einigermaßen gleichmäßig auf dem Lineal, vernachlässigt aber, die Millimeter ebenso gleichmäßig zu verteilen. Zudem berücksichtigt er nicht, dass ein Zentimeter aus zehn Millimetern besteht.

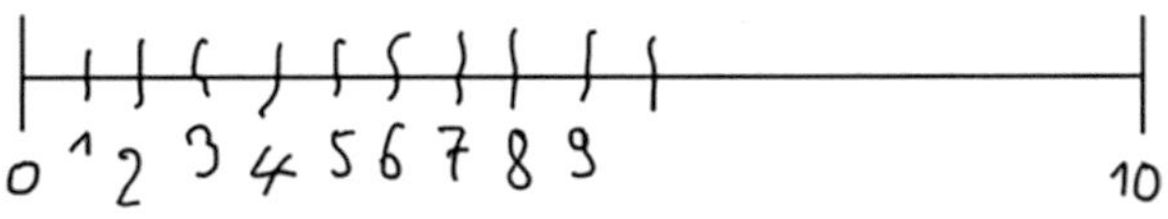

Katharinas ergänzter Zahlenstrahl

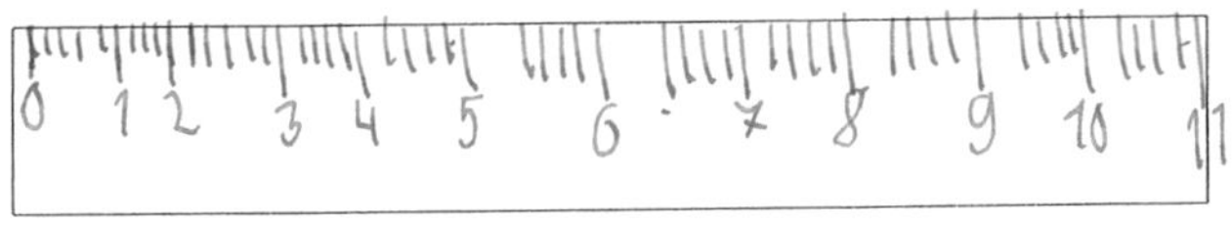

Timos ergänztes Lineal

Es wird also deutlich, dass sich der Zahlenraum sehr gut über Längenverhältnisse darstellen lässt. Auf diesem Zusammenhang fußen die folgenden Unterrichtsideen.

So kann es gehen

Im zweiten Schuljahr sollte genügend Zeit den Orientierungsübungen im neuen Zahlenraum eingeräumt werden. So besteht die Möglichkeit, dass sich Lernende die dekadische Struktur des neuen Zahlenraumes, Beziehungen von Nachbarzahlen und somit Grundlagen des Rundens erwerben, z. B.: Welches ist der nächste Zehner zur 37? (vgl. Höhtker/Selter 1995).

Ein eigenes Maßband herstellen

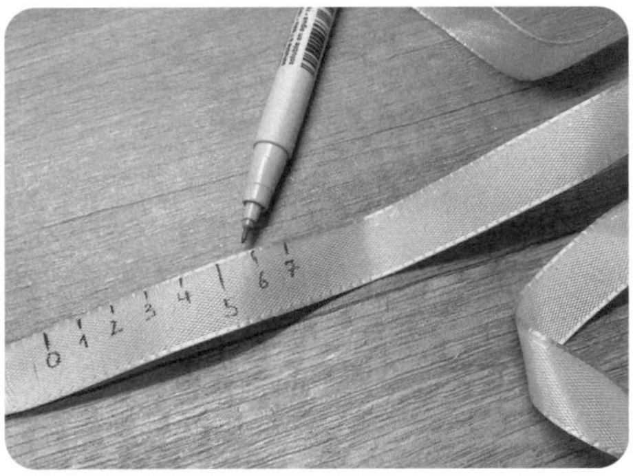

Stellen Sie mit den Kindern eigene Maßbänder aus Schleifenband her. Nach 10 cm sollte die Farbe wechseln (Kraft der 10). Bei der Herstellung der Maßbänder ist es wesentlich, mit den Kindern die zugrundeliegende Struktur zu erarbeiten. Im Anschluss kann man mit diesen Maßbändern Längen im Klassenraum messen. Dabei sollten die Längen mithilfe der dekadischen Struktur und nicht durch das Abzählen der Abschnitte bestimmt werden.

Längen finden

Folgende Zuordnungsübungen können auch mit Perlenketten (Durchmesser einer Perle sollte 1 cm sein) erfolgen und damit die Orientierung erleichtern:

- Längen finden: Längen an der Perlenkette vorgegeben, Größe muss benannt werden.
- Größe finden: Länge wird vorgegeben, Größe an der Kette muss gefunden werden.

Unserer Erfahrung nach scheint es den Kindern leichter zu fallen, zu vorgegebenen Längen die entsprechenden Größen zuzuordnen. Daher sollten diese Aktivitäten zuerst durchgeführt werden. Die Kinder können leere Kärtchen beschriften, die mit Wäscheklammern an der Kette befestigt wurden. Umgekehrt können die Kinder selbst Karten beschriften und an die Kette hängen. Dabei können die Kinder den Schwierigkeitsgrad selbst wählen und variieren. Somit erhalten Sie ganz nebenbei einen Überblick über den Lernstand Ihrer Klasse.

Längenrelationen

Eine weitere wichtige Orientierungsübung ist das Bestimmen von Längenrelationen. Dazu können beispielsweise zwei bestimmte Längen an der Kette vorgegeben werden und die Kinder sollen bestimmen, welche näher an beispielsweise 50 cm liegt. Auch kann bestimmt werden, wie groß der Unterschied ist.

Arbeit mit Maßbändern

Analog zu der Arbeit an der konkreten Kette werden die Zuordnungsübungen ebenfalls an der ikonischen Repräsentation fortgesetzt. Dabei unterscheiden sich die Aufgaben von denen an der realen Kette nicht. Kleben Sie dafür den Kindern ein Papiermaßband (z. B. IKEA) auf den Tisch. Die Zahlenangaben sollten mit kleinen Klebepunkten abgeklebt werden; auch im Wechsel alle 10 cm. Hier ist es wichtig, in einzelnen Phasen ausreichend zu verweilen, um sicher zu stellen, dass die Kinder tragfähige Vorstellungen aufbauen. Dabei ist es hilfreich, über unterschiedliche Vorgehensweisen zu sprechen und diese zu thematisieren. Fragen wie *„Woher weißt du, dass dein Ergebnis richtig ist?"* oder *„Wie bist du auf dein Ergebnis gekommen?"* helfen Kindern, über ihre Vorgehensweisen nachzudenken und sich so auch dieser bewusst zu werden.

Übergang zum *„leeren Meter"*

Der Übergang in die nächste Phase darf nicht zu früh erfolgen; die Kinder sollten in der Lage sein, die Zuordnungsübungen – *Längen finden* und *Größen nennen* an der ikonischen Hunderterkette ohne Zuhilfenahme der realen Kette zu lösen.

Legen Sie den Kindern einen ein Meter langen, nicht skalierten Papierstreifen oder Kreppband auf den Tisch. Lediglich die 0 cm und die 100 cm sollten gekennzeichnet werden. Für schwächere Kinder können wichtige Orientierungsskalenpunkte (z. B. 50 cm) zusätzlich gekennzeichnet werden. Auf Kärtchen (Kopiervorlage) werden verschiedene Längen an die Kinder verteilt. Nacheinander legen die Kinder ihre Kärtchen an den leeren Meterstreifen an und zwar an die Stelle, wo sie der Meinung sind, dass sie dort ungefähr hingehören (siehe Abb.).

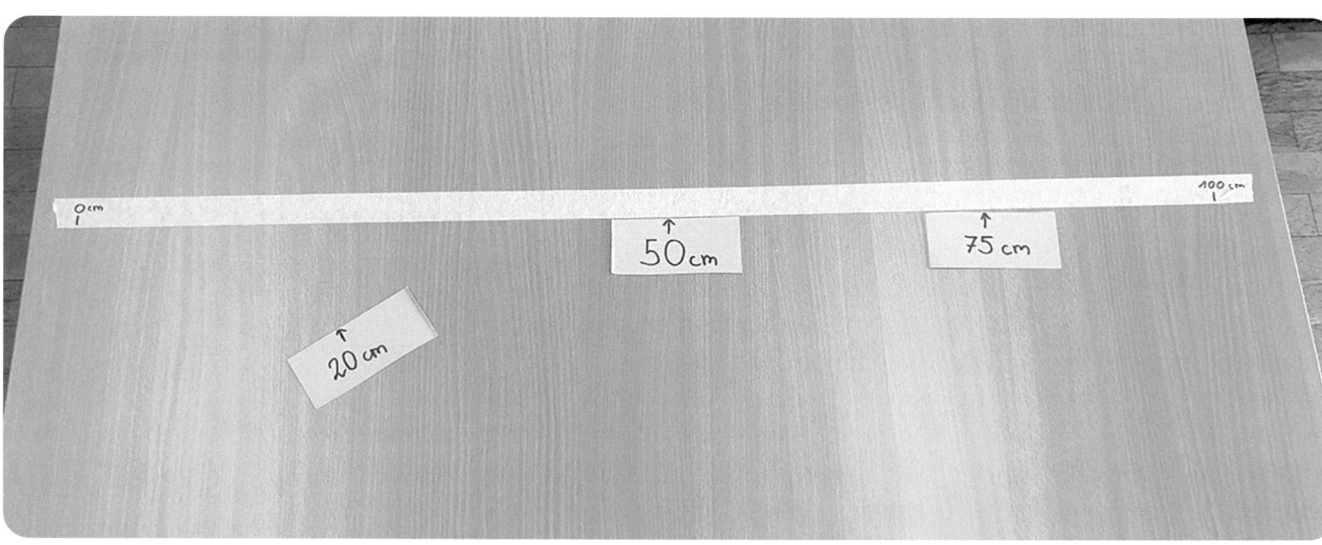

Kopiervorlage 31 – Zuordnung von Längenangaben an den leeren Meterstreifen: Längenkärtchen

Wichtig ist, dass die Kinder ihrem Partner begründen, warum sie eine Karte an eine bestimmte Stelle gelegt haben. „Die 50-cm-Karte kommt in die Mitte, weil das genau die Hälfte von 100 cm ist."

10.2 GEWICHT – ORDNUNGSRELATIONEN IM ANFANGSUNTERRICHT

Hintergrund – darum geht es

Schon sehr früh im ersten Schuljahr werden die Schreib- und Sprechweise der Ordnungsrelationen „... ist größer als ...“, „... ist kleiner als ...“ und der Äquivalenzrelation „... ist gleich ...“ eingeführt. Dies geschieht in der Regel ausgehend von Mengenvergleichen (Plättchen, Bleistifte, Steckwürfel, ...) beispielsweise mithilfe von Steckwürfeltürmen.

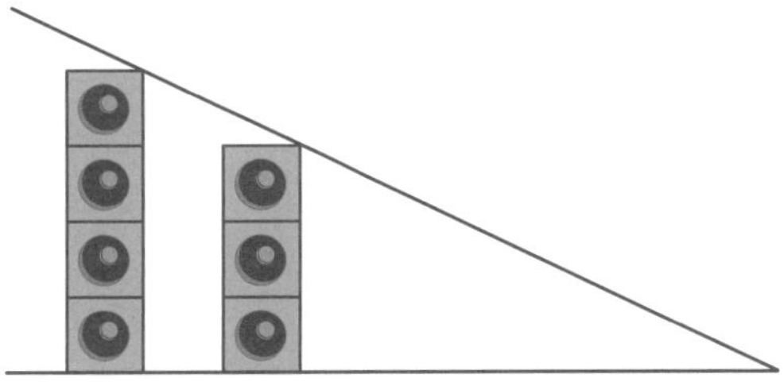

4 > 3
4 ist größer als 3

Dabei ist es aber von großer Bedeutung zur Entwicklung des Mengenverständnisses, dass nicht nur, wie hier abgebildet, mit gleich großen Objekten diese Relation aufgebaut wird. Denn sonst besteht die Gefahr, dass die Schülerinnen und Schüler diese Relation mit der Höhe der Steckwürfeltürme beschreiben. Insofern ist die obere Darstellung, wie sie in vielen Schulbüchern zu finden ist, nicht ganz unproblematisch.

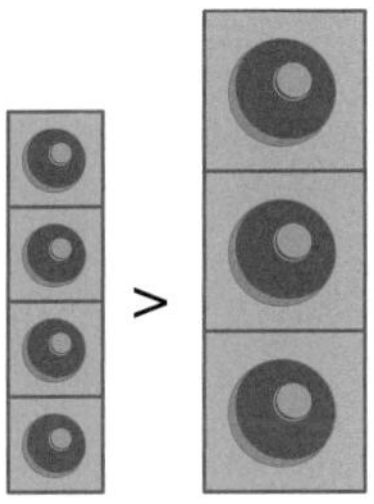

4 ist größer als 3

Eine der größten Herausforderungen im arithmetischen Anfangsunterricht besteht darin, die Schülerinnen und Schüler beim Aufbau eines kardinalen Zahlverständnisses zu unterstützen; also die Erkenntnis zu fördern, dass Zahlen aus anderen Zahlen zusammengesetzt sind. Einen guten Zugang zur Förderung bietet in Klasse 2 und 3 der Größenbereich *Gewicht*.

So kann es gehen

Zum Einstieg in den Größenbereich *Gewicht* in Klasse 2 oder 3 (nachdem die beiden Einheiten kg und g behandelt wurden) hat es sich bewährt, sich mit den Kindern im Sitzkreis um eine Tafelwaage zu versammeln. Ausreichende Wägestücke im Kilogramm-Bereich sollten vorhanden sein. Fordern Sie die Kinder zunächst auf, zwei Wägestücke zu wählen, die gleichschwer sind. Zum „Beweis“ sollen sie im Anschluss auf die beiden Seiten der Tafelwaage gelegt werden. Stellen Sie danach den Auftrag, das Wägestück auf der einen Seite der Waage durch zwei andere Wägestücke zu ersetzen. Die Waage soll im Gleichgewicht bleiben. Ist die Wahl richtig getroffen worden, zeigt das die Waage (s. Abb.).

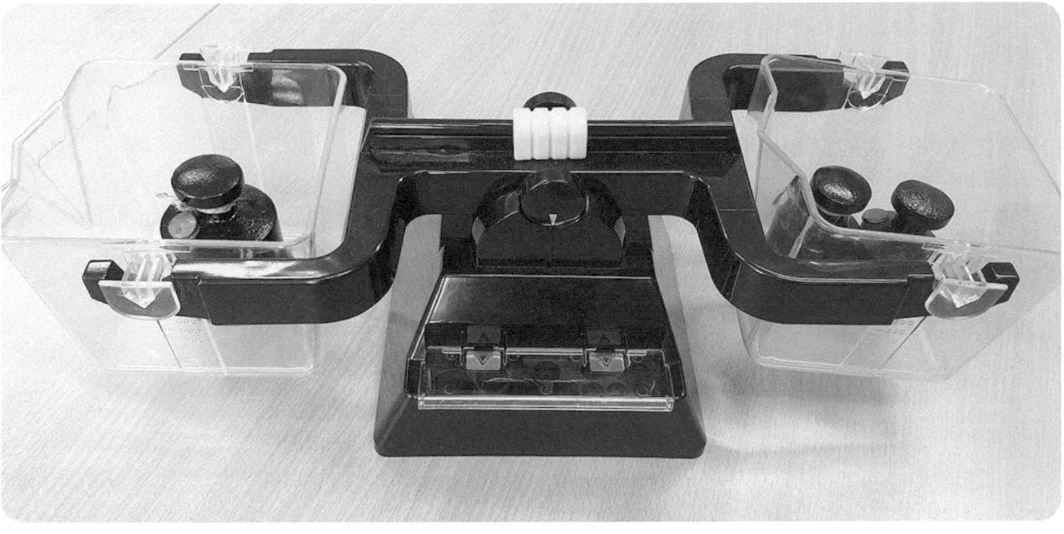

Kopiervorlage 32 – **Identifizieren der Äquivalenz des Gewichts: Sind die Waagen im Gleichgewicht?**

Kopiervorlage 33 – **Realisieren der Äquivalenz des Gewichts: Bringe die Waagen ins Gleichgewicht!**

Die möglichen „Zerlegungen" des einen Wägestücks sollten für alle gut sichtbar an der Tafel notiert werden. Schnell fällt den Kindern der Erfahrung nach auf, dass bestimmte Zerlegungen mit den vorhandenen Wägestücken gar nicht möglich sind. So lässt sich 5 kg nicht durch 2 kg und 3 kg ersetzen, weil es die entsprechenden Wägestücke in den Gewichtssätzen nicht gibt. Dieses „Problem" kann aber für fruchtbare Diskussionen genutzt werden. Denn alle Gewichte bis 10 kg können mit den in den meisten Sets vorhandenen Wägestücken 1 kg, 2 kg und 5 kg dargestellt werden. Zweistellige Maßzahlen müssen für eine 2. Klasse auch mit der Waage realistisch (15 kg und 19 kg) darstellbar sein, auch unterschiedliche Zerlegungsmöglichkeiten, sodass die Anzahl der Wägestücke für die größere Maßzahl weniger sind als für die Anzahl der kleineren Maßzahl.

Und es erleichtert den Übergang auf die symbolische Ebene, wenn die Kinder dann ihre eigenen Wägestücke zeichnen, um alle möglichen Zerlegungen von bestimmten Größen zu finden.

So kann es weitergehen

Zur Vertiefung des Gewichts- und des Zahlverständnisses bieten sich noch weitere Aktivitäten an:

- Die Kinder werden selbst zu Waagen. Mit geschlossenen Augen hält ein Kind in jeder Hand einen Stoffbeutel. In den einen Stoffbeutel werden von einem Partnerkind ein (oder mehrere) Wägestück(e) gelegt. Das Kind muss schätzen, wie schwer die Tasche nun ist. Es muss dann im Anschluss sagen, welche Wägestücke in die andere Tasche müssen, damit sie wieder gleich schwer sind. Von dieser Übung sind auch Varianten denkbar. So könnte man die Beutel ungleich schwer machen und es muss überlegt werden, welche Wägestücke noch fehlen, damit die Beutel wieder gleich schwer sind.
- Dieser Unterrichtsansatz lässt sich ohne großen Aufwand auf das Thema Ordnungsrelationen übertragen. Ist die Waage im Ungleichgewicht, kann statt des Gleichheitszeichens die weiteren Relationszeichen „… ist größer als …" und „… ist kleiner als …" vertieft werden.

10.3 Rauminhalt – Vertiefung des Stellenwertverständnisses und die Einführung des Liters in Klasse 3

Zu Beginn des dritten Schuljahres gilt es, den Zahlenraum bis 1 000 zu erarbeiten und dabei das Stellenwertverständnis zu vertiefen. Im weiteren Schuljahresverlauf sehen die meisten Lehrpläne vor, dass der Liter als Größe im Mathematikunterricht eingeführt wird. Es bietet sich an, diese beiden Themen eng zusammen zu behandeln.

Hintergrund – darum geht es

Fortgesetzte Bündelung

Unserem Stellenwertsystem liegt das Prinzip der fortgesetzten Bündelung zugrunde. Dabei kann jede Menge durch fortgesetztes Bündeln eindeutig und schnell erkennbar dargestellt werden (vgl. Padberg/Benz 2011).

Dieses Prinzip bezieht sich auf die Bündelung einer konkreten Menge. Es werden immer Zehner-Bündel zusammengefasst, wobei a) solange weitergemacht wird, bis kein neues Bündel mehr voll wird, und b) werden fertige Bündel ihrerseits auch wieder zusammengefasst, wenn es mehr als zehn ihrer Sorte gibt. Aus Zehner-Bündeln entstehen auf diese Weise Hunderter-Bündel, aus diesen können Tausender-Bündel entstehen etc.

Ein Anschauungsmaterial, welches diese fortgesetzte Bündelung sehr gut repräsentiert, ist das Dienes-Material (auch Mehrsystemblöcke genannt). Das Dienes-Material gehört zu den strukturierten Materialien, da es die quasi-simultane Zahlerfassung über Fünf hinaus erlaubt und Zahlen ganzheitlich präsentiert. Es entfaltet seine Wirkung in der Zehnerbündelung von jeweils zehn Einerblöcken zu einer Zehnerstange, zehn Zehnerstangen zu einer Hunderterplatte und zehn Hunderterplatten zu einem Tausenderwürfel. Es eignet sich gut für die Erweiterung des Zahlenraumes bis 100 im zweiten Schuljahr und bis 1 000 im dritten Schuljahr. Diese Gruppierung ist in den folgenden Zahlenräumen und Schuljahren (theoretisch) auch auf größere Zahlen übertragbar: Zehntausenderstangen, bestehend aus zehn Tausenderwürfeln, Hunderttausenderplatten, bestehend aus 100 Tausenderwürfeln und so weiter (vgl. Rink 2015c).

Von einer stabilen Stellenwert- und Zahlvorstellung kann man dann sprechen, wenn ein Kind in der Lage ist, sicher zwischen dem notierten Zahlzeichen einer Zahl, dem dazugehörigen Zahlwort und der entsprechenden (vorgestellten) Menge hin und her zu übersetzen. Ein tragfähiges Stellenwertverständnis zeichnet sich insbesondere dadurch aus, dass das Kind weiß und erklären kann, wie die einzelnen Ziffern des Zahlzeichens, die Bestandteile des Zahlwortes und die Anzahlen der einzelnen Bündelungseinheiten zusammenhängen:

„Die Fünf steht links von der Drei, weil das die fünf Zehner sind. Die Zahl heißt Dreiundfünfzig, weil sie aus fünf Zehnern und drei Einern zusammengesetzt ist."

Zur Förderung dieses Zahl- und Stellenwertverständnisses gibt es zahlreiche Publikationen mit konkreten Unterrichtsideen (vgl. z. B. Wartha/Schulz 2012). Im Folgenden soll exemplarisch gezeigt werden, wie in Klasse 3 der Zahlenraum bis 1 000 und das Stellenwertsystem thematisiert und zeitgleich der Liter eingeführt werden kann.

So kann es gehen

Bereiten Sie für Ihre Lerngruppe Kastennetze vor, die Sie auf starke, aber noch biegsame Pappe kleben. Der Kasten (offener Würfel) muss eine Kantenlänge von 10 cm haben. Lassen Sie die Netze von den Kindern ausschneiden und mithilfe von Klebeband zu einem Kasten zusammenfalten.

Anschließend sollte dann gemeinsam geschätzt werden, welchen Rauminhalt dieser offene Würfel wohl haben könnte. Danach sollte dann mit verschiedenen Messbechern überprüft werden, welchen Rauminhalt der offene Würfel tatsächlich hat. Als Füllmaterial eignen sich Erbsen, Linsen oder (trockener!) Sand aus der Sandkiste vom Schulhof sehr gut. Gegebenenfalls führt man diese Phase nicht im Klassenraum, sondern auf dem Schulhof durch.

Schnell stellen die Kinder fest, dass in den offenen Würfel ein Liter hineinpasst. Unserer Erfahrung nach führt dieses Ergebnis oft zu erstaunten Kommentaren, weil viele Kinder (und auch Erwachsene) an dieser Stelle feststellen, dass sie sich vorher verschätzt haben. Denn schließlich sieht der Tetrapack Milch viel höher aus.

Im weiteren Unterrichtsverlauf sollte dann der 1 000er-Dienes-Würfel hinzugenommen werden. Stellt man den Würfel und den offenen Kasten nebeneinander, so stellt man fest, dass beide Körper die gleichen Maße haben (einen Kubikdezimeter).

Und in der Tat würde der 1 000er-Dienes-Würfel genau einen Liter Wasser verdrängen, wenn man ihn in einen Behälter tauchen würde.

Aus dieser Erkenntnis lassen sich weitere Analogien und Unterrichtsideen ableiten:

- Da der Würfel aus 1 000 kleinen 1er-Würfeln besteht, entsprechen die kleinen Würfel einem Milliliter. Der wichtige Merksatz „1 l sind 1 000 ml" wird mit Bezug auf das Dienes-Material sehr anschaulich. „Zwei 100er-Platten entsprechen 200 ml. Wie viel fehlt noch, bis der Liter voll ist?"
- Die 100er-Platten entsprechen im logischen Schluss einem Rauminhalt von 100 ml. Mit den 100er-Platten lassen sich die selbst gebastelten, offenen Würfel ganz einfach zu Messbechern weiterentwickeln. Legt man nach und nach innen und außen eine 100er-Platte an und zieht mit einem Stift einen Strich, hat man sehr schnell den offenen Würfel in 100-ml-Schritten skaliert.

Zur Festigung des Zahl- und Rauminhaltsverständnisses sollten dann im Anschluss vielfältige Schätz- und Messübungen durchgeführt werden. Die Schätz- bzw. Messwerte können in Stellenwerttafeln notiert werden, um das Stellenwertverständnis zu fördern. Auch zur Thematisierung unbesetzter Stellen und der Rolle der Null beim Schreiben von Zahlen eignet sich der Einsatz einer Stellenwerttafel. Diese ist deshalb so sinnvoll (und auch notwendig), da ein reines Sortieren der Bündel nur der Größe nach, z. B. auch bei fehlenden Zehnern, kein Problem wäre. Erst das Sortieren der Bündel in eine Stellenwerttafel kann die Frage aufwerfen: „Ich hab' aber gar keine Zehner, was soll ich denn jetzt da hinlegen/hinschreiben?" Die „Regel" zum Notieren von Zahlen lautet nun: Wie viele Tausender, Hunderter, Zehner und Einer liegen jetzt dort in der richtigen Reihenfolge? Schreibe das jeweils auf. Für fehlende Bündel, also eine leere Spalte der Stellenwerttafel, wird die Null notiert.

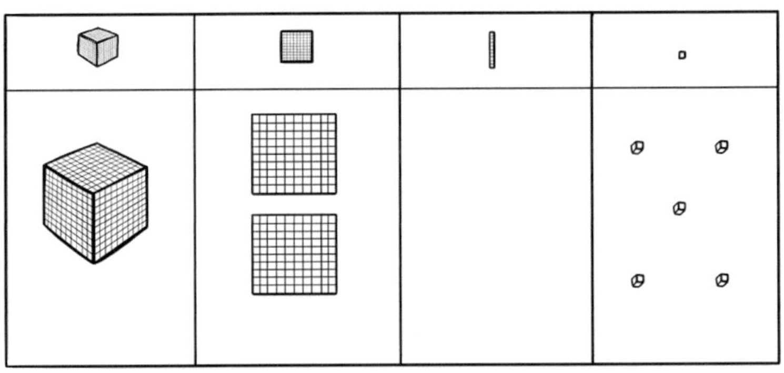

T	H	Z	E
1	2	0	5

Wichtig dabei ist es zu wissen, dass die konventionelle Nutzung einer Stellenwerttafel nicht mit der Notation der Bündelgröße funktioniert (denn sonst würde die oben dargestellte Menge ja wie folgt notiert: 100020005, weil 1 000 Tausender, 200 Hunderter, 0 Zehner und 5 Einer). Bei der konventionellen Nutzung der Stellenwerttafel wird die Anzahl der jeweiligen Bündel nur mit Plättchen (oder Punkten) repräsentiert. In dem hier vorgestellten Beispiel jedoch soll zunächst noch die Nähe zur kardinalen Menge betont werden – die Kinder sollen noch „sehen können" wie viele es sind. Die vorgeschlagene Nutzung einer Stellenwerttafel bietet die didaktische Möglichkeit mit den Kindern über die Anzahl der jeweiligen Bündel zu sprechen: „Damit wir die Zahl gut aufschreiben können, müssen wir wissen, wie viele Bündel in den jeweiligen Spalten liegen – in unserem Beispiel also zwei Hunderter und nicht zweihundert Hunderter. Wie viele Tausenderwürfel haben wir?" – „Einen." Der stete Bezug zu der Größe Rauminhalt hilft den Kindern dabei, nicht nur das Stellenwertsystem, sondern auch das Rechnen mit den Einheiten des Rauminhalts besser zu beherrschen.

Kopiervorlage 34 – **Realisieren der Relationsbegriffe zum Rauminhalt: Ergänzen zum vollen Liter**

Für das Arbeiten mit dem dezimalen Größensystem kann diese Stellenwerttafel sinnvoll sein:

1 l	100 ml	10 ml	1 ml	*Angabe mit einer Einheit*	*Angabe mit zwei Einheiten*	Komma-schreibweise
5	5	0	0	*5500 ml*	*5 l 500 ml*	5,5 l
5	0	5	0	*5050 ml*	*5 l 50 ml*	5,05 l
5	0	0	5	*5005 ml*	*5 l 5 ml*	5,005 l

BEISPIEL: Rechne um! 17 l 250 ml = … ml / 25,012 l = … ml / 36 301 ml = … l

10.4 GELDWERTE – EINFÜHRUNG DER SCHRIFTLICHEN RECHENVERFAHREN – RECHNEN OHNE NACHDENKEN ZU MÜSSEN?

Hintergrund – darum geht es

Unstrittig ist, dass die schriftlichen Rechenverfahren eine einfache Möglichkeit bieten, große Zahlen schnell miteinander zu verrechnen. Auch Kinder mit Schwierigkeiten beim Mathematiklernen profitieren von der Kenntnis dieser Verfahren. Aufgaben, deren Ergebnisse sie vorher mühsam zählend ermittelt haben, können nun auf einem leicht zu merkendem Weg schnell und einfach gelöst werden. Eben „ohne Nachzudenken".

Aber Rechnen „ohne Nachzudenken" führt in einigen Fällen dazu, dass der Blick für Zahlen und Zahlbeziehungen verloren geht. Auch wäre es wichtig zu thematisieren, warum die schriftlichen Rechenverfahren überhaupt funktionieren.

Für das schriftliche Rechnen ist, neben dem ziffernweisen Rechnen, der Einsatz eines Algorithmus charakteristisch. Unter einem Algorithmus versteht man eine „endliche Abfolge von eindeutig bestimmten Elementaranweisungen, die den Lösungsweg eines Problems exakt und vollständig beschreiben" (ZIEGENBALG 1996, S. 23) und die schrittweise garantiert zu einer richtigen Lösung führen.

Traditionell wird zwischen drei Hauptmethoden des Rechnens unterschieden: Dem mündlichen, dem halbschriftlichen und dem schriftlichen Rechnen. Das zentrale Kennzeichen des schriftlichen Rechnens ist das Zerlegen der Zahlen in Ziffern, sodass dann die Stellenwerte bei der Addition und Subtraktion ziffernweise angeordnet und die Summe bzw. die Differenz dann ziffernweise berechnet wird. Dabei rechnet man nach festen Regeln mithilfe eines Algorithmus.

Im Folgenden stellen wir idealtypisch vor, wie mithilfe von Geldwerten die jeweiligen Rechenverfahren eingeführt werden können (vgl. PADBERG 2005, S. 210 ff.).

So kann es gehen

Bei der Arbeit mit Geldwerten bietet es sich an, den jeweiligen schriftlichen Algorithmus in Sachsituationen einzubetten.

In der nebenstehenden Situation soll die Summe von 487 € und 275 € bestimmt werden. Um den stellengerechten Überblick zu gewährleisten, sind die Beträge in einer Sortiertafel dargestellt.

Mit der Aufforderung „Wechsle, wenn du kannst!" ist es auch naheliegend, die zehn 1-€-Münzen in einen 10-€-Schein umzutauschen. Auf diese Weise wird der Übertrag gut motiviert.

Nach einigen Aufgaben mit Rechengeld, kann zur Stellentafel übergegangen werden. Der Schritt zur endgültigen Notation der Additionsaufgaben ohne Stellenwerttafel gelingt den meisten Schülerinnen und Schülern dann ohne Probleme.

Bei der schriftlichen Subtraktion kann man sich die Sachsituation entweder abziehend oder ergänzend vorstellen. Und auch der Übertrag lässt sich auf verschiedene Weisen[7] thematisieren. An dieser Stelle soll analog zur schriftlichen Addition das Entbündelungsverfahren beschrieben werden. Von 543 € sollen 326 € abgezogen werden. Schnell stellen die Kinder fest, dass von den 3 € keine 6 € abgezogen werden können. Durch das Wechseln eines 10-€-Scheins in zehn 1-€-Münzen ist dann ein Abziehen möglich. Bei der weiteren Formalisierung kann man den Übertrag dann durch diesen Wechselprozess erklären.

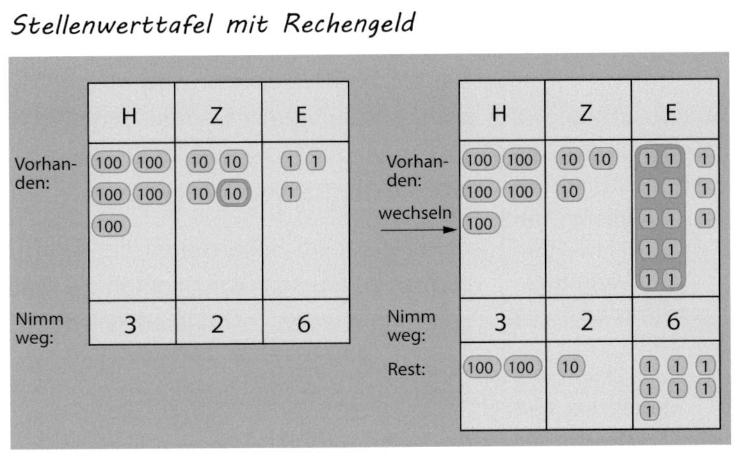

Die Thematisierung der schriftlichen Multiplikation über Geld ist ziemlich aufwendig und soll hier nur der Vollständigkeit halber Erwähnung finden.

Jeder Betrag im jeweiligen Stellenwert wird mit dem Multiplikanten multipliziert und gelegt. Sollte es notwendig sein, wird gebündelt und der Betrag in den nächst höheren Stellenwert übertragen. An dieser Stelle entspricht das Verfahren der schriftlichen Addition.

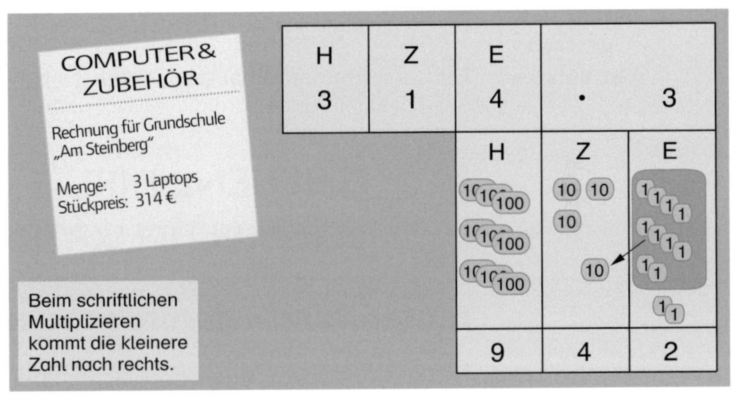

Auf der symbolischen Ebene kann die zunehmende Schematisierung folgendermaßen dargestellt werden. ▷

Die schriftliche Division lässt sich wiederum sehr gut mit Geldwerten motivieren:

Vier Personen wollen sich einen Betrag von 976 € gerecht aufteilen.
Von den neun 100-€-Scheinen können 8 problemlos an die vier Freunde verteilt werden. Jeder erhält 2 Hunderter.

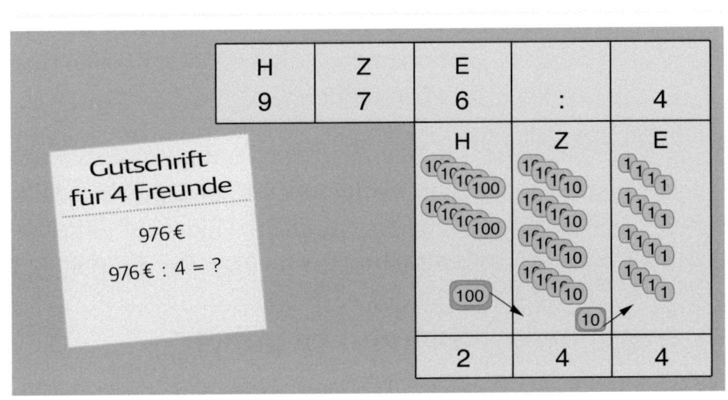

[7] Zu den verschiedenen Vorgehensweisen und den jeweiligen Vor- und Nachteilen sei an dieser Stelle auf PADBERG (2005), S. 225 ff. verwiesen.

Der letzte 100-€-Schein wird in Zehner gewechselt und von den 17 Zehnern können 16 aufgeteilt werden. Jeder erhält 4 Zehner.
Der letzte 10-€-Schein wird in 1-€-Münzen gewechselt und die 16 1-€-Münzen können ohne Rest aufgeteilt werden. Jeder erhält vier 1-€-Münzen.

Kopiervorlage 35 – **Mündliches und schriftliches Addieren von Geldwerten: Geldbeträge geschickt addieren**

Kopiervorlage 36 – **Mündliches und schriftliches Subtrahieren von Geldwerten: Geldbeträge geschickt subtrahieren**

So kann es weitergehen

Damit aus dem Beherrschen der schriftlichen Rechenverfahren kein „Rechnen ohne nachdenken zu müssen" wird, sollten die Kinder im weiteren Unterrichtsverlauf immer wieder aufgefordert werden, zu erklären, wie der schriftliche Algorithmus funktioniert. Dabei bietet sich Geld als alltagsnahes und anschauliches Material an. Aber natürlich sind auch andere Materialien, wie beispielsweise das Dienes-Material, sinnvoll.

Des Weiteren sollten die Schülerinnen und Schüler nach Abschluss einer Unterrichtsreihe zu den schriftlichen Rechenverfahren dazu angehalten werden, die anderen Rechenverfahren (halbschriftlich und „im Kopf") nicht zu vernachlässigen. Denn es ist nicht immer schlau, schriftlich zu rechnen; manche Aufgaben kann man leichter im Kopf rechnen (z. B. 702 – 698: leicht vorstellbar am Zahlenstrahl).

10.5 FLÄCHENINHALTE – OPERATIONSVERSTÄNDNIS DER MULTIPLIKATION FÖRDERN

Hintergrund – darum geht es

Ein vordringlicher Inhalt im Mathematikunterricht der Grundschule ist, wie auch in den Bildungsstandards (vgl. KMK 2004, S. 9) gefordert, dass die Kinder alle vier Grundrechenarten (Rechenoperationen) verstehen und beherrschen sollen.

Dabei sollen die Kinder auf keinen Fall die Grundaufgabengleichungen und Regeln „ohne Verständnis" auswendig lernen. Vielmehr ist es Ziel der ersten Schuljahre, dass Kinder Vorstellungen zu den verschiedenen Rechenoperationen erlangen, eine sogenannte „Operationsvorstellung" aufbauen und somit die Kenntnis darüber erlangen, *welche Handlung(en) mit der jeweiligen Operation verknüpft* sind. Doch was genau sind Operationsvorstellungen?

Die Entwicklung von umfassenden Vorstellungen zu jeder Rechenoperation ist wichtig, um reale Situationen deuten und diese mit einer Rechenoperation in Verbindung bringen zu können. Im Unterricht gibt es aber nicht selten Kinder, die auch ohne eine Vorstellung für Operationen ihre Schulzeit durchlaufen und lediglich Regeln und Verfahren „auswendig" lernen und anwenden.

Zu jeder Rechenoperation gibt es verschiedene Grundvorstellungen, die mit unterschiedlichen Auffassungen zur Operation verknüpft sind (vgl. FROMME/WARTHA/BENZ 2011). Im Folgenden liegt der Fokus auf dem Aufbau und der Festigung der Operationsvorstellungen zur Multiplikation über den Größenbereich Flächeninhalte.

So kann es gehen

Neben vielen anderen gut erprobten Möglichkeiten können beispielsweise auch zur Einführung der Multiplikation die Arbeit mit Rechtecksflächen und damit das Einbeziehen des Größenbereiches *Flächeninhalt* unterstützend wirken. Dabei wird auf die statische Grundvorstellung der Multiplikation, dem sogenannten *Räumlich-simultanen Aspekt*, zurückgegriffen. In Schulbuchbeispielen, die diese Grundvorstellung aufgreifen, werden keine Handlungen durchgeführt. Hier liegt die Gesamtmenge schon strukturiert vor. Die Gesamtmenge, beispielsweise die Fliesen im Flur, kann man auf einen Blick (simultan) überschauen und ihre Anzahl aufgrund der räumlichen Anordnung leicht bestimmen. Objekte werden also flächig angeordnet.

Zur Einführung in diese Vorstellung der Multiplikation können den Kindern verschiedene Rechtecksflächen mit Karoraster vorgegeben werden. Die dazu passenden Aufgaben müssen dann von ihnen gefunden und zugeordnet werden.

Zur Begründung der Rechengesetze und damit zur Begründung der heuristischen Strategien bei der Erarbeitung des Einmaleins ist dieser Aspekt der Multiplikation besser geeignet, als die dynamischen Vorstellungen der Multiplikation.

In diesem Zusammenhang wird die Kommutativität der Multiplikation auch besonders gut sichtbar. Je nach Perspektive kann entweder die Aufgabe a · b oder die Aufgabe b · a abgelesen werden.

Bilde zu jedem Rechteck zwei Mal-Aufgaben und rechne!

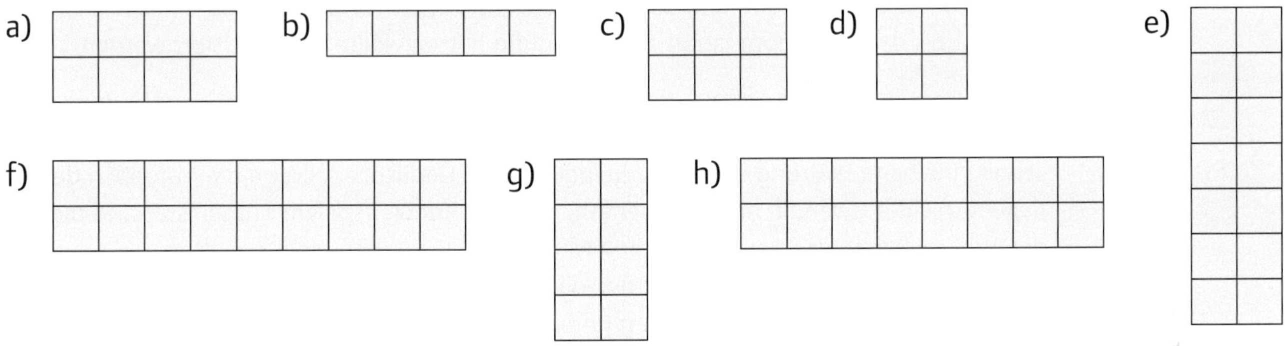

Auch das Distributivgesetz hat als Lösungsstrategie für die Multiplikation eine große Bedeutung. Die Gesamtzahl der Quadrate im Raster lässt sich geschickt ermitteln, indem man beispielsweise die „schwierige" Aufgabe 7 · 5 in die leichteren Aufgaben 4 · 5 und 3 · 5 zerlegt, deren Produkte bestimmt und diese dann addiert. Mit dem Abdeckwinkel wird die Fläche hervorgehoben, um die es in der Aufgabe geht. Mit einem Stäbchen oder Trinkhalm kann diese Aufgabe dann in zwei leichter zu lösende Aufgaben zerlegt werden.

Bildet mit dem Hunderterfeld, dem Abdeckwinkel und einem Trinkhalm oder Stäbchen solche Aufgaben!

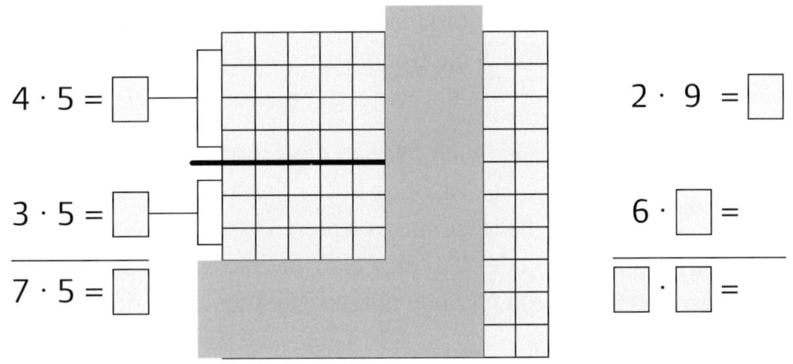

Aber auch weitere wichtige Strategien, wie das Verdoppeln von Aufgaben des kleinen 1·1, können über flächige Darstellungen gut verständlich dargestellt werden:

Setze auf die dicke Linie einen Spiegel!
Schreibe eine Mal-Aufgabe und rechne!

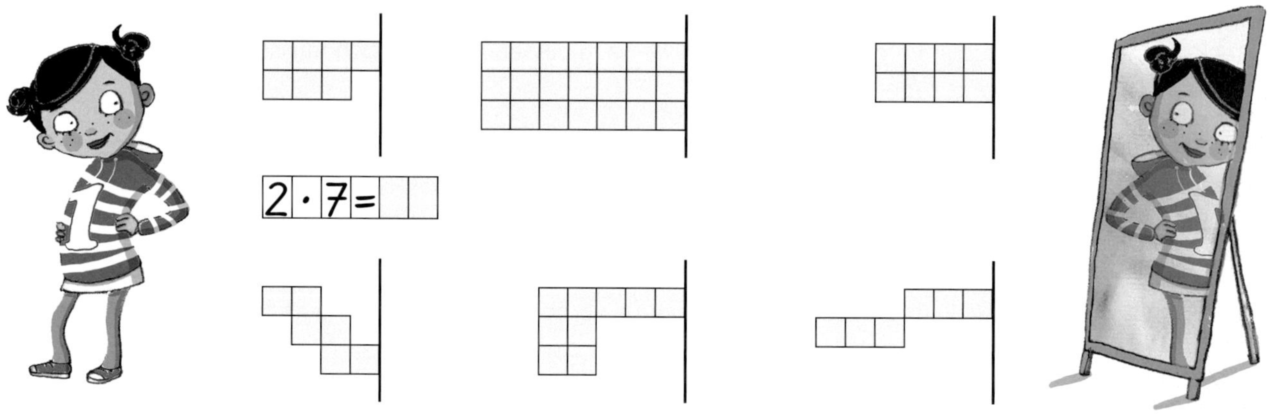

Nachdem die Schülerinnen und Schüler ausreichend Zeit für den Aufbau einer Basis für das Verständnis der Rechenoperation zur Verfügung hatten, sollte automatisiert werden.

Das Automatisieren des kleinen Einmaleins ist wichtig, um beispielsweise später die schriftliche Multiplikation bewältigen zu können. Das schriftliche Multiplizieren erfordert an sich schon eine hohe Leistung des Kurzzeitspeichers im Gedächtnis. Wenn die Aufgaben des Einmaleins nicht auswendig gewusst werden, wird der Kurzzeitspeicher überlastet und die nötigen Verfahrensschritte der schriftlichen Multiplikation können nicht behalten und umgesetzt werden. Nach den Bildungsstandards sollen die Kinder am Ende der Schuleingangsphase (zweites Schuljahr) die Kernaufgaben und einzelne weitere Aufgaben des kleinen Einmaleins automatisiert wiedergeben. Kernaufgaben sind Aufgaben, die sich die Kinder leichter merken können und aus denen die anderen Aufgaben der Reihe mithilfe der oben genannten und weiteren Strategien rekonstruiert werden können.

Mit Kernaufgaben das Einmaleins zu erschließen, wird in vielen Publikationen als für die Kinder hilfreicher beschrieben, als das intensive Erarbeiten der einzelnen Einmaleinsreihen. Die Kernaufgaben sind in jeder Einmaleinsreihe die Aufgaben mit $1 \cdot x$, $2 \cdot x$, $5 \cdot x$ und $10 \cdot x$. Auch die Quadratzahl-Aufgaben wie $3 \cdot 3 = 9$, $6 \cdot 6 = 36$ oder $9 \cdot 9 = 81$ können sich die Kinder in der Regel gut merken.

Kopiervorlage 49 – **Material für den Flächeninhalt: Quadratrasterfolie**

Dennoch müssen die Grundaufgabengleichungen der Multiplikation beherrscht werden. Für diese wichtige Phase der Automatisierung kann auch wieder der Zugang über die Flächeninhalte genutzt werden. Dazu hat es sich unserer Erfahrung nach bewährt, dass jedes Kind zu jeder Malfolge ein Quadratrasterpapier erhält. Dazu können Sie auch die hier hinterlegte Kopiervorlage nutzen. Vorzugsweise drucken Sie sie auf dickem Papier oder sogar Pappe aus.

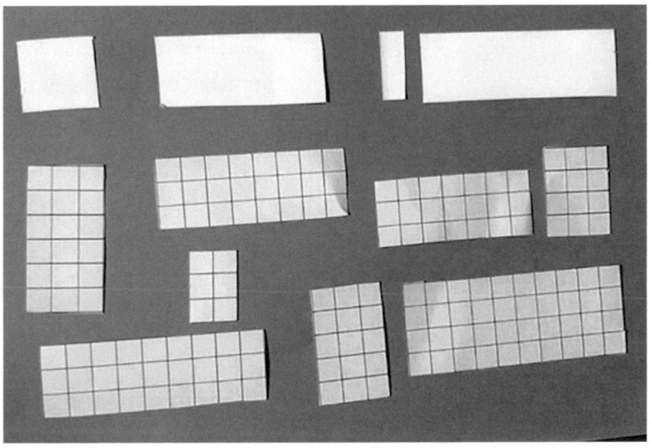

Mithilfe dieses Materials erstellen die Schülerinnen und Schüler zunächst zu jeder Gleichung einer Folge eine Rechteckfläche. Für jede Folge gibt es einen Briefumschlag, der beschriftet ist (z. B. 3er-Folge und das Rechteck von 1 · 3 wird dazu aufgeklebt).

Zur weiteren Arbeit mit diesem Material kann man sich am folgenden erprobten Vorgehen orientieren:

1. Zunächst ordnen die Kinder alle Flächen der jeweiligen Reihe nach der Größe. Sie zeigen auf die einzelnen Flächen und nennen die Gleichung dazu. Besonders dieses Verbalisieren ist äußerst wichtig, um die Behaltensleistung zu erhöhen. Am Ende der Arbeit werden alle Flächen in einen Briefumschlag gesteckt. Dabei erhält jede Folge einen eigenen Briefumschlag.

2. In einem nächsten Schritt greifen die Schülerinnen und Schüler in den Umschlag zu der Malfolge, die in der jeweiligen Stunde im Fokus steht und nehmen jeweils eine Fläche heraus und nennen die passenden beiden Gleichungen oder schreiben diese auf. Das kann so lange gehen, bis der Umschlag leer ist.

3. Auch in Partnerarbeit kann man sehr gut mit diesem Material arbeiten. Dabei werden die Flächen ungeordnet auf den Tisch gelegt und abwechselnd zeigt ein Kind auf eine Fläche und nennt die beiden möglichen Gleichungen (zunehmend sollen Kinder die Schnelligkeit dabei einschätzen). Das andere Kind kontrolliert anhand der Anzahl der einzelnen Quadrate, ob die richtigen Gleichungen zugeordnet wurden. Ist eine Reihe durch, werden die Rollen getauscht. Das kann auch zunehmend gemischt mit allen Folgen (Briefumschlägen) ablaufen.

4. Um den Abstraktionsprozess zu unterstützen und um das zählende Rechnen zu vermeiden, kann man das Rechteck auch mit der Rückseite nach oben auf den Tisch legen. Die Rückseite verfügt über kein Raster. Die Kinder müssen nun das Einheitsquadrat als Stützpunktwert nutzen und über indirektes mentales Vergleichen den Flächeninhalt schätzen (vgl. Kap. 9.1). Auch hier muss im Anschluss die passende Gleichung genannt werden und am besten auch die Strategie, wie das Kind hier zur Ermittlung der Gleichung vorgegangen ist. Es kann kontrolliert werden, indem die Karte umgedreht und das Raster betrachtet wird.

5. Um den eigenen aktuellen Leistungsstand besser einschätzen zu können, sollten die Kinder wieder in Partnerarbeit sich jeweils erklären, welche Grundaufgabengleichungen sie immer wieder richtig zugeordnet haben. Diese Kärtchen können der Lehrkraft gegeben werden. Diese hat für jede Folge auch ein Kästchen oder Briefumschlag. Dort hinein legt sie die Kärtchen. So haben auch die Eltern einen Überblick darüber, welche Gleichungen noch geübt werden müssen, nämlich die, die noch im Umschlag ihres Kindes stecken. Wenn festgestellt wird (Test), dass das Kind eine Gleichung, von dem es die Karte schon abgegeben hat, doch nicht mehr wusste, darf es sich diese von der Lehrerin wieder holen und zurück in seinen Umschlag stecken.

So kann es weitergehen

Oben wurde beschrieben, dass es wichtig ist, dass die Schülerinnen und Schüler die einzelnen Grundaufgabengleichungen des kleinen Einmaleins nicht isoliert auswendig lernen. Wichtig für den weiteren Lern- und Behaltensprozess wäre es, dass die Kinder die Beziehungen zwischen Aufgaben nutzen, um sie zu lösen.

Die Kärtchen, die eine sogenannte Kernaufgabe darstellen, können farblich hervorgehoben werden. Kommt ein Kind beim Lösen einer „schwierigen" Aufgabe noch nicht von sich aus auf das Ergebnis, kann man probieren, ob eine Karte mit der passenden Kernaufgabe auf die „schwierige" Karte passt. Nun kann begründet werden, dass beispielsweise die Aufgabe $7 \cdot 5 = 35$ ist, weil die beiden Kärtchen der Gleichungen $5 \cdot 5 = 25$ und $2 \cdot 5 = 10$ sich lückenlos auf die Karte der Ausgangsaufgabe legen lassen.

Auch spielerisch kann mit den Karten mit der gesamten Klasse gearbeitet werden. Dazu können zunächst alle 110 Kärtchen eines Kindes oder der Lehrerin gut sichtbar für alle Kinder im Klassenraum ausgelegt werden (gemischt mit Rückseiten und Vorderseiten) und die Kinder sitzen im Kreis um den „Teppich" und ziehen jeweils so viele Karten, bis alle Karten weg sind. Anschließend zeigen sie ihre Karte und nennen die Gleichungen. Ist die Gleichung richtig, können sie das Kärtchen behalten, ist sie falsch, wird es wieder zurückgelegt. Sieger ist der Schüler oder die Schülerin mit den meisten Karten. Um schwächere Kinder nicht zu demotivieren und besser zu unterstützen, kann der Wettbewerbsgedanke auch rausgelassen und das in Beziehung setzen mit den Kernaufgaben stärker in den Blick genommen werden.

EXPERIMENTIEREN IM MATHEMATIK-UNTERRICHT DER GRUNDSCHULE – EIN INTERESSANTER ZUGANG ZUM THEMA „GRÖSSEN UND MESSEN“

11.1 GRUNDLEGENDES ZUM EXPERIMENTIEREN

Das Ankündigen von Experimenten im Unterricht weckt schnell Neugier, Spannung und Interessen bei den meisten Schülerinnen und Schülern. Erwartungsvolle Äußerungen wie: „Experimentieren wir in der nächsten Mathestunde wieder?“, sind nach solchen Stunden nicht selten.

Allerdings wird der Begriff des Experimentierens nach Beck und Claussen (vgl. BECK/CLAUSSEN 2000, S. 10) als eine „hochkomplexe wissenschaftliche Methode, die die Fähigkeit zum Beobachten, zum Klassifizieren, zur Identifikation von Variablen, zur Bildung von Hypothesen, zur Planung, Durchführung und Kontrolle von Experimenten, zur Dokumentation und Analyse ...“ gesehen. Diesen Anforderungen kann das Experimentieren im Mathematikunterricht der Grundschule in keinem Falle gerecht werden. Hier trifft eher der Begriff des Laborierens oder Durchführens eines Versuches zu (BECK/CLAUSSEN 2000,S. 11).

Erfahrungen aus der Praxis zeigen immer wieder, dass Grundschulkinder den Begriff des Experimentierens in ihrem aktiven Wortschatz für die tatsächlich praktizierten Tätigkeiten des Laborierens verwenden. Mit dem Begriff des Laborierens können die Kinder kaum etwas anfangen (Leni erzählte beim Versuch, den Begriff des Laborierens zu verwenden: „Meine Oma sagt immer zu mir, wenn mein Schnupfen nicht weggeht: ‚Du laborierst aber schon lange mit dem Schnupfen.‘“).

Zum Begriff des Experimentierens, so zeigten unsere Erfahrungen, haben Grundschulkinder aufgrund erster Begegnungen mit derartigen Versuchen im Sachunterricht und im Mathematikunterricht sowie auch im Haushalt eher Vorstellungen. Eine Auseinandersetzung mit den Begrifflichkeiten Experimentieren und Laborieren wollen wir an dieser Stelle auch nicht vornehmen.

Bemerkenswert ist jedoch, dass in der Praxis häufiger beobachtet wird, dass kaum Frust über ein nicht erhofftes Versuchsergebnis auftritt, sondern eher im Gegenteil die Kinder staunen und verwundert sind, dass sie ein anderes Versuchsergebnis erwartet haben und deshalb anschließend nach Begründungen dafür suchen. Bei falschen Rechenergebnissen sieht die Stimmungslage danach in der Regel anders aus. Gleichzeitig zeigen sie sich nicht so schnell entmutigt, ihre Vorüberlegungen erneut zu hinterfragen oder den Versuch noch einmal durchzuführen. Das kann natürlich mitunter auch an der Seltenheit, den Mathematikunterricht mal anders zu erleben, liegen.

Allerdings können die hier positiv beschriebenen Beobachtungen nicht darüber hinwegtäuschen, dass diese Arbeitsweise sich im Unterricht nicht völlig von selbst entwickelt. Es geht also beim Experimentieren im mathematischen Grundschulunterricht an erster Stelle um die Gestaltung eines Lernprozesses und nicht um eine formvollendete Realisierung einer wissenschaftlichen Methode.

Solche Lernprozesse erfolgen meistens in Kleingruppen und ermöglichen eine natürliche Differenzierung, da jedes Kind die Chance hat, sich dabei einzubringen, seine Meinung in der Gruppe zu äußern und die Aufgaben im Prozessablauf zu übernehmen, die seinem individuellen Leistungsniveau entsprechen.

Die Lehrkraft sollte dabei den Prozess je nach den Voraussetzungen der Kinder mehr oder weniger intensiv begleiten.

Allgemeine Kompetenzen (besonders Problemlösen, Argumentieren, Kommunizieren) sowie inhaltliche Kompetenzen (Größenvorstellungen, Mess- und Schätzkompetenzen) können sich dabei weiterentwickeln. Das sind wichtige Kompetenzen bzw. Fähigkeiten, die das Kind nicht nur im Mathematikunterricht benötigt.

In dem Sinne verstehen auch wir die Tätigkeit des Experimentierens im Mathematikunterricht der Grundschule als einen vorstrukturierten Versuch, bei welchem das Kind Probleme bearbeitet, Vermutungen formuliert und dokumentiert, die dann mit den tatsächlich eingetretenen Ergebnissen des Versuchs verglichen, bestätigt oder verworfen werden. Aufgetretene Probleme werden benannt und gewonnene Erkenntnisse ebenso formuliert und dokumentiert. Gerade für diese letztgenannte Phase benötigen viele Kinder große Unterstützung (vgl. Wiebel 2000, S. 45).

Wiebel verweist dabei auf wichtige Aspekte, die beim Laborieren beachtet werden sollten:

- Den Kindern sollen Erfolgserlebnisse ermöglicht werden, um Selbstvertrauen zu erwerben. Hierbei muss nicht der Ausgang des Versuchs den Vermutungen des Kindes entsprechen, sondern das Kind sollte die Chance haben, alle Teilhandlungen des Versuchs erfolgreich durchzuführen, zu beschreiben und zu begründen und auch mit dem Irrtum konstruktiv umgehen können.
- Die entsprechende Lernumgebung (Aufgabenstellungen und Material) sowie Hilfen in Form von „Experimentier-Tipps" (vgl. Kap. 11.2) sollten den Kindern mehr oder weniger vorstrukturiert angeboten werden. Individuelle Hilfestellungen sind dabei angebracht.
- Technische und intellektuelle Überforderungen sollten möglichst vermieden werden. Allerdings sollten die Kinder mit den entsprechenden Messgeräten und Fachbegriffen doch vertraut sein.
- Beim Experimentieren in Kleingruppen ist eine Differenzierung impliziert.
- Die Zeitdauer für das Experiment sollte die Lehrkraft unbedingt vorher antizipieren, denn trotz der anfänglichen Spannung und Motivation lässt ein überspannter Zeitrahmen das Kind ermüden und lustlos werden. Erfahrungsgemäß bietet sich in der Regel eine Doppelstunde für den Vollzug des gesamten Prozesses an, denn eine fehlende Auswertung aus Zeitgründen erweist sich nicht als günstig bzw. auch nicht, wenn die Auswertung erst am anderen Tag erfolgen kann.
- Ein kreatives Vorgehen bezüglich der Veränderungen von Materialien oder einer Erweiterung des Versuchs ist wünschenswert.

BEISPIEL: „Sammelt Ideen für weitere Experimente." oder „Nutzt andere selbst gewählte Gegenstände für euer Experiment." oder „Kannst du deine Vermutung auch anders überprüfen?".

Für das Experimentieren im Unterricht ist es zu empfehlen, dass sich mehrere Kolleginnen und Kollegen gemeinsam eine Experimentierkiste (Experimentierkoffer) zusammenstellen. In diese Behältnisse können dann alle Materialien gepackt werden (vgl. Angaben zu den Materialien auf den Kopiervorlagen zu den einzelnen Experimenten). Ebenso als günstig erweist sich, wenn für jedes Experiment den Kindern ein Tablett mit allen Materialien und Anweisungen zur Verfügung gestellt wird, um ihnen auch somit eine Struktur zu geben (Hilfe auch für das mögliche Vergießen von Wasser, Sand und anderer Untersuchungsmaterialien). Die jeweiligen Gruppen können mit ihrem Tablett und den entsprechenden Materialien ihre Ergebnisse auch praktisch anschaulich präsentieren.

11.2 IDEEN FÜR DAS EXPERIMENTIEREN IM GRUNDSCHULUNTERRICHT

Zu Beginn des Experimentierens ist eine Diskussion und Verabredung über allgemeine Regeln zu empfehlen. Diese sollten immer wieder an den Anfang eines neuen Experimentes reaktiviert und damit ritualisiert werden. Dazu kann man laminierte Merkkarten oder ein Lernposter erstellen (Das Lernposter kann man beispielsweise auf dem Deckel eines Experimentierkoffers oder einer Experimentierkiste kleben.).

Praxistipps für Experimente:

- Überlege, was du wissen willst.
- Vermute, welches Ergebnis eintreten kann. Begründe deine Vermutung.
- Was benötigst du zum Experimentieren?
- Plane dein Vorgehen.
- Was beobachtest du?
- Was hast du herausgefunden?
- Warum ist das so?

Nach diesem Anfangsritual und der entsprechenden Gruppenbildung erhalten die Kinder den Experimentierauftrag. Für jede Gruppe (2 bis max. 4 Kinder) kann dazu ein Tablett mit den notwendigen Materialien bereitstehen.

Anfangs kann auch ein von der Lehrkraft erstelltes Protokollformular gereicht werden.

Kopiervorlage 37 – **Darstellen von Daten zum Experimentieren: Protokoll zum Experiment**

Zunehmend sollten die Kinder die Art des Protokollierens selbst übernehmen. Danach erfolgt eine Phase der Auseinandersetzung mit dem Auftrag. Die Lehrkraft beobachtet die Kinder dabei und gibt für die Gruppe bei Problemen individuelle Hilfestellungen. Diese können inhaltlicher aber auch motivierender Art sein. In jedem Falle ist ein zu früher Hinweis auf eine fehlerhafte Vermutung nicht günstig. Hier sollte die Chance des Ausprobierens durch das Experiment genutzt werden, um dann in der Auswertung eben auch über einen möglichen Irrtum zu reflektieren.

Eine mögliche Differenzierung kann die Lehrkraft über eine natürliche Vorgehensweise zur kreativen Gestaltung eines vorstrukturierten Versuchs vornehmen, aber auch eine sogenannte fremdgesteuerte Differenzierung, die von der Lehrkraft ausgeht, ist möglich. Zum letzteren Modell sollen drei Vorschläge dienen, die sich an den Anforderungsbereichen der Bildungsstandards (vgl. BILDUNGSSTANDARDS FÜR DIE GRUNDSCHULE 2007, S. 21–22) orientieren.

Die nachfolgenden Beispiele zur Bestimmung des Rauminhaltes von Körpern mit gekrümmter Oberfläche (z. B.: die Hand) sind für die Klassen 3/4 geeignet, wenn die Kinder bereits den Größenbereich des Rauminhaltes und damit die entsprechenden Einheiten wie Liter und Milliliter schon im Unterricht erarbeitet haben. Ebenso kann an die Bestimmung des Flächeninhaltes einer Hand auf Millimeterpapier und dem anschließenden Auszählen der Kästchen (Quadratmillimeter) erinnert werden (vgl. Kap. 6.7, Unterrichtsideen zum Flächeninhalt).

Bei allen Experimenten nimmt das Beschreiben von Vermutungen und Begründen der geäußerten Annahmen einen besonderen Stellenwert ein. Hier sollte sich die Lehrkraft nicht nur mit der Äußerung einer Vermutung (einer Größenangabe) zufrieden geben, sondern Kinder sollten daran gewöhnt werden, diese auch zu begründen. Oft formulieren sie nur: „Wir haben geschätzt.“ oder „Ich habe nachgedacht.“ Solange Kinder ihre Schätzstrategie bzw. den verwendeten Stützpunktwert nicht erklären können, muss man davon ausgehen, dass eben nur geraten wurde.

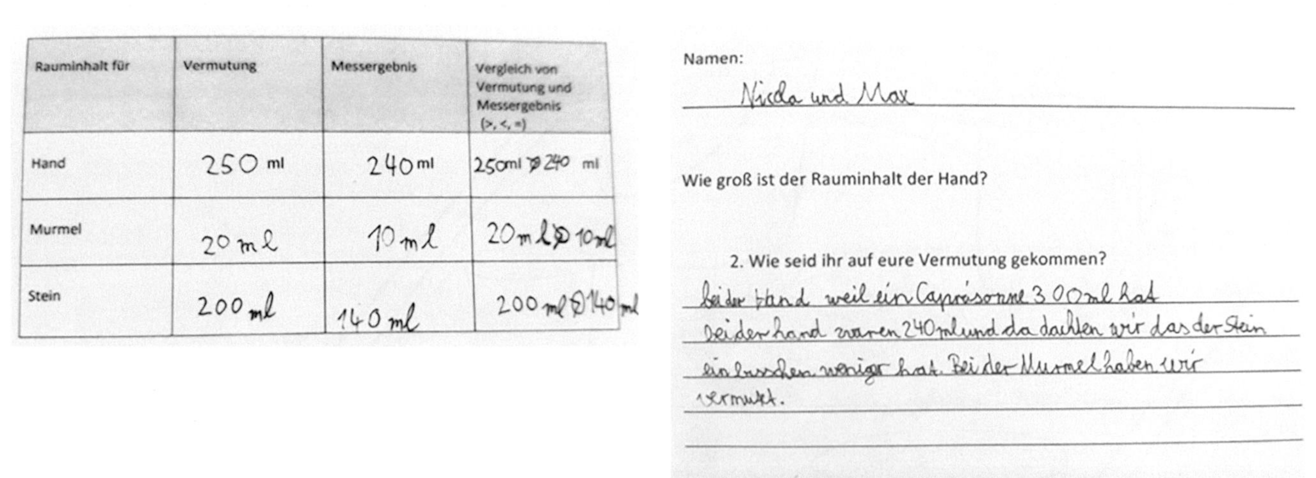

Rauminhalt für	Vermutung	Messergebnis	Vergleich von Vermutung und Messergebnis (>, <, =)
Hand	250 ml	240 ml	250 ml > 240 ml
Murmel	20 ml	10 ml	20 ml > 10 ml
Stein	200 ml	140 ml	200 ml > 140 ml

Namen:
Nicla und Max

Wie groß ist der Rauminhalt der Hand?

2. Wie seid ihr auf eure Vermutung gekommen?
bei der Hand weil ein Caprisonne 300 ml hat
bei der hand waren 240 ml und da dachten wir das der Stein
ein bisschen weniger hat. Bei der Murmel haben wir
vermutet.

Vermutungen zum Experiment

Nachfolgende Aufgabenkarten sollen das beschriebene Modell der Differenzierung auf der Grundlage der drei Anforderungsbereiche konkretisieren.

Karte 1 (Anforderungsbereich für alle Kinder der Gruppe/„Reproduzieren“)

Vorderseite

Wie groß ist der Rauminhalt deiner Hand?

Ihr benötigt:
- eine flache Schüssel
- einen Messbecher
- ein Glas
- Wasser

Rückseite

a) Stellt ein Glas in die Schüssel und füllt es bis zum Rand mit Wasser.
b) Was vermutet ihr, wie viel Wasser läuft in die Schüssel, wenn ihr eure Hand in das Glas taucht? Notiert eure Vermutung in der Tabelle.
c) Führt das Experiment durch. Notiert das Messergebnis in der Tabelle.
d) Vergleicht eure Vermutung mit eurem Messergebnis. Was stellt ihr fest?
(Tauscht euch untereinander aus.)

Hinweise zu den Aufgaben:

a) Da die Kinder erst zunehmend beim Experimentieren Größenvorstellungen entwickeln, wird es anfangs passieren, dass ihre vermuteten Ergebnisse eher durch ein Raten zustande kommen. Auch für das Dokumentieren in einem Protokollbogen benötigen noch viele Kinder Unterstützung.
b) Die gemessene Flüssigkeitsmenge kann zwischen 200 ml und 250 ml liegen.
c) Die Kinder stellen fest, dass der Rauminhalt ihrer Hände unterschiedlich sein kann.

Karte 2 (erste Schwierigkeitssteigerung/„Zusammenhänge herstellen“)

Vorderseite

Wie groß ist der Rauminhalt deiner Hand?

Ihr benötigt:
- eine flache Schüssel
- einen Messbecher
- ein Glas
- Wasser
- Knete

Rückseite

a) Vermutet, wie viel Wasser in die Schüssel läuft, wenn ihr eure Hände nun gestreckt in das Glas taucht. Notiert eure Vermutung.
b) Führt das Experiment durch und vergleicht das Ergebnis mit eurer Vermutung.
c) Führt das Experiment anschließend mit einer Knetkugel durch. Klopft sie danach flach und führt auch damit das Experiment durch.
d) Was stellt ihr fest? Warum ist das so?

Hinweise zu den Aufgaben:

a) Hier kann es passieren, dass die Kinder von einem veränderten Rauminhalt ausgehen. Das tritt in der Regel bei den Kindern auf, die noch nicht über den Invarianzbegriff des Rauminhaltes verfügen. Sie können noch nicht erfassen, dass die Quantität des Rauminhaltes trotz qualitativer Veränderungen gleich bleibt, ist doch der Entwicklungsstand der einzelnen Kinder noch recht unterschiedlich. Dennoch sollten auch diese Kinder das Experiment durchführen können.
b) Gleiche Erfahrungen sammeln die Kinder mit der Knetkugel, vgl. Kopiervorlage 12.
c) Wenn die Kinder festgestellt haben, dass der Rauminhalt trotz qualitativer Veränderungen gleich geblieben ist, könnte nach Begründungen gesucht werden (Diskussion über eventuelle Unterschiede aufgrund von Messfehlern sollte erfolgen.).
Zum Beispiel: Der Rauminhalt ist gleich, weil wir nichts weggenommen haben (Identität) oder weil die Hand länger als die Faust ist (Kompensation) oder weil wir ja aus der Knetscheibe wieder eine Knetkugel formen können (Reversibilität).

Karte 3 (zweite Schwierigkeitssteigerung /„Verallgemeinern und Reflektieren")

Vorderseite

Wie groß ist der Rauminhalt deiner Hand?

Ihr benötigt:
- eine flache Schüssel
- zwei unterschiedlich große Messbecher
- Wasser
- einen Stein
- einen Ball oder eine Murmel

Rückseite

a) Vermutet, welcher Gegenstand mehr Wasser verdrängt, wenn ihr diesen in das Glas taucht. Ist es der Stein oder der Ball (Murmel)?
b) Hat das Gewicht eines Gegenstandes Einfluss darauf, wie viel Wasser er verdrängt?

Hinweise zu den Aufgaben:

a) Hier werden die Kinder nicht mehr zum Vorgehen des Experimentierens angeleitet. Sie wissen, dass sie die Vermutung durch den Versuch überprüfen müssen. So treffen sie selbst Entscheidungen für das passende Messgerät (kleiner oder großer Messbecher). Statt eines kleinen Balls kann auch eine Murmel genutzt werden. Aufgrund der bisher durchgeführten Versuche, können sie erste Verallgemeinerungen zu den unterschiedlichen Rauminhalten treffen. Nutzen die Kinder einen Ball, müsste auch darüber reflektiert werden, warum der Ball auf dem Wasser schwimmt und für das Ermitteln des Rauminhaltes (eventuell mit einem spitzen Gegenstand/Nadel) dieser in das Wasser eingetaucht werden muss.
b) Zur Beantwortung dieser Frage könnten schon einige Kinder Erfahrungen einbringen, die die richtige Lösung oder die auch Fehlvorstellungen (wie bspw. der vermeintliche Zusammenhang zwischen Rauminhalt und Gewicht) zur Begründung nutzen.

Das dritte Experiment zum Rauminhalt der Hand kann für sehr leistungsstarke Kinder noch eine weitere Anforderung erfahren. Die Aufgabenkarte in dieser Form setzt voraus, dass bereits die beiden anderen Experimente zum Rauminhalt der Hand dem Kind bekannt sind und nun weitere Aufgaben zu dieser Größe folgen. Hier müssen sich die Kinder sowohl mit dem Rauminhalt als auch mit dem Gewicht auseinandersetzen und die beobachtete Beziehung zwischen beiden Größen beschreiben. So werden sie propädeutisch mit dem Begriff der Dichte konfrontiert. Beim Eintauchen zeigt sich, wie beispielsweise ein Apfel, ein Stein oder ein ähnlicher Körper innen (sehr dichtes oder weniger dichtes Material) beschaffen sein kann. Der beobachtete Unterschied zwischen Ball und Murmel kann dabei eventuell hilfreich sein.

Bei allen Experimenten nimmt das Beschreiben von Vermutungen einen besonderen Stellenwert ein. Hier sollte sich die Lehrkraft nicht nur mit der Äußerung einer Vermutung zufrieden geben, sondern Kinder sollten daran gewöhnt werden, diese auch zu begründen. Oft formulieren sie nur: „Wir haben geschätzt.“

Weitere Tipps zu diesem Experiment für den Unterricht:

Im Anschluss an das Experiment bietet sich die Thematisierung der folgenden Fragestellungen an.

- Was heißt eigentlich Rauminhalt eines Körpers?
- Klärung der Begriffe Rauminhalt, Hohlmaße.
- Wird bei gleichem Gewicht die gleiche Wassermenge verdrängt?
- Mit Tauchexperimenten wird eine bestimmte Form des Rauminhaltes thematisiert, nämlich die Verdrängung bzw. der Raum, den ein Körper einnimmt, also der Rauminhalt.
- Welche Maßeinheiten werden benutzt?
- Welche Messgeräte werden (wofür) eingesetzt?
- Welche alten Maße existier(t)en?
- Wie rechnen wir Größenangaben zum Rauminhalt um (eventuell Nutzung der Systematisierungsskizze)?
- Wie rechnen wir mit den Hohlmaßen?
- Was erzählt uns „Die Geschichte von Archimedes“ (vgl. KADEN 1985, S. 93–96) und wie hilft uns die Idee des Archimedes bei unserem Experiment?

Kopiervorlage 38 – **Geschichte der Mathematik: Die Geschichte des Archimedes**

Wie beim Arbeiten mit Sachaufgaben sollten die Kinder erst einmal genügend Zeit für das Erfassen des gesamten Experimentes bekommen. Dabei zeigten wieder einmal Unterrichtserfahrungen, dass sie anfangs Fragen stellten wie:

- Können wir nicht gleich anfangen? Warum muss ich erst raten, wie hoch das Wasser steigt?
- Wie sollen wir die Vermutung aufschreiben?
- Ich kann doch gleich den Messbecher nehmen und sehe, um wie viel das Wasser ansteigt.

Gerade die letzte Frage suggerierte der Lehrkraft, dass das fragende Kind ein anderes Messverfahren vielleicht nutzen würde. Allerdings passierte es auch, dass zwar der gestiegene Wasserstand festgestellt wurde, aber manchen Kindern nicht klar war, dass sie die Differenz der beiden Wasserstände bilden müssen. Oft klärte sich dieses Problem in der Gruppe bzw. musste ausführlich mit allen Kindern diskutiert werden (Max sagte bei diesem Messverfahren: „Wir können das nicht gleich aufschreiben. Wir müssen erst rechnen.“).

In der Reflexionsphase sollten neben dem Vergleich von Vermutung und Ergebnis sowie zum Verlauf des Versuchs auch weitere Fragen diskutiert werden:

- Was sagen euch die Ergebnisse?
- Wie habt ihr gemeinsam gearbeitet?
- Ist das immer so (z. B., dass Rauminhalt und Gewicht unterschiedlich sind)?
- Wo traten beim Experimentieren Probleme auf?
- Was fiel euch schwer und was erschien euch leicht?

Die Schlussbetrachtungen müssen nicht unbedingt von einem Versuch mit dem erwarteten richtigen Ergebnis gekrönt sein, sondern der erlebte Lernprozess und das entsprechende Argumentieren darüber sind ausschlaggebend. Auch wenn man feststellt, dass die Größenvorstellungen noch nicht voll entwickelt sind, sondern eher noch geraten wird, hat das Experiment seinen Sinn erfüllt, denn es dient ja auch gleichzeitig der Weiterentwicklung dieser Kompetenz.

11.3 BEISPIELE FÜR EXPERIMENTE IM MATHEMATIKUNTERRICHT DER GRUNDSCHULE

Nachfolgend werden wir zu den Aufgaben in den dargestellten Experimenten auf den Kopiervorlagen mögliche Antworten geben. Jede Lehrkraft muss für sich entscheiden, welches Experiment in der eigenen Klasse sinnvoll und machbar ist.

1 Wie oft könnt ihr ein Blatt Papier falten?

Für dieses Experiment sollten die Kinder zuerst Druckerpapier (DIN A4; 0,1 mm Stärke) nutzen. Eine richtige Vermutung (eher ein Raten) wäre, wenn mehr als 5-mal und weniger als 10-mal angekreuzt wird (Aufgabe 1). Nutzt man normales Druckerpapier DIN A4 mit 0,1 mm Stärke, könnte das Papier 7-mal gefaltet werden. Danach wäre das Papier etwa 12,8 mm dick. Die Anzahl der Teile beim Falten dieses Papierbogens nimmt exponentiell zu (2^n). Beim 7-maligen Falten (27) sind dann 128 Teilfiguren (Aufgabe 5) sichtbar. Wenn die größeren und stärkeren Papierbögen untersucht werden, sollten die Kinder erkennen, dass die Anzahl der Faltmöglichkeiten von der Stärke und Größe des Papiers abhängig sind (Aufgabe 4).

Kopiervorlage 39 – **Experimentieren: Wie oft könnt ihr ein Blatt Papier falten?**

2 Wie oft schwingt euer Pendel in einer Minute?

Bei diesem Experiment geht es erst einmal nur darum, dass das Kind die Zeitdauerbestimmung als zwei Vorgänge, die miteinander verglichen werden, wieder erlebt. Zum Vermuten können bereits erworbene Stützpunktwerte für die Zeitdauer von 1 min als Hilfe nützlich sein. In einer gemeinsamen Auswertung des Experimentes bringen die Kinder in Erfahrung, dass nicht das Gewicht des Pendels, sondern nur die Fadenlänge für den Messvorgang bedeutsam ist. Dafür kann dann ein leichterer Gegenstand zum Ausprobieren und Vergleichen genutzt werden.

Kopiervorlage 40 – **Experimentieren: Wie oft schwingt euer Pendel in einer Minute?**

Für eine Erweiterung dieses Experimentes kann die Fadenlänge auf 25 cm verkürzt werden und die Kinder beobachten dann, wie sich das auf die Schwingungsdauer auswirkt.

3 Wie sieht das Zwergenhaus im Schuhkarton aus?

Mit diesem Experiment werden die Kenntnisse zum Verkleinern und Vergrößern sowie zum Maßstab aus dem Geometrieunterricht in Klasse 4 angewendet. Die Kinder sollten erkennen, um wievielmal der Zwerg kleiner als das Kind ist (150 cm : 10 cm = 15). Diese Erkenntnis kann dann auf die Größe der Gegenstände im Zwergenhaus übertragen werden. Jeder Gegenstand im Zwergenhaus wäre dann der 15. Teil des Originalgegenstandes im Klassenraum. Das Kind muss auch beachten, dass beispielsweise bei der Erstellung eines Tisches für das Zwergenhaus sowohl für die Längenangabe als auch für die Angabe der Breite der fünfzehnte Teil des Originals berechnet werden muss, da sich ansonsten die Form des Tisches verändert.

Kopiervorlage 41 – **Experimentieren: Wie sieht das Zwergenhaus im Schuhkarton aus?**

4 Wie schwer ist ein nasser Schwamm im Unterschied zu einem trockenen Schwamm?

Das Experiment zur Bestimmung des Gewichts eines trockenen und eines nassen Schwamms kann schon recht früh im Unterricht eingesetzt werden. Hier geht es vorwiegend um das Schätzen (Stützpunktwert und Schätzstrategie) und Messen des Gewichts. Es kann aber auch passieren, dass die Kinder für den trockenen und sehr leichten Schwamm über eine passende Waage nachdenken müssen. Für beide Schätzwerte eines trockenen und eines nassen Schwamms ist das direkte mentale Vergleichen eine Unterstützung. Auch hier kann das Experiment mit anderen Schwämmen oder Lappen erweitert werden. Eine weitere Steigerung kann auch darin bestehen, dass die Menge des aufgesaugten Wassers des Schwammes geschätzt und gemessen werden kann (Vergleich Fassungsvermögen und Gewicht).

Kopiervorlage 42 – **Experimentieren: Wie schwer ist ein nasser Schwamm im Unterschied zu einem trocknen Schwamm?**

5 Wie groß ist der Unterschied zwischen einem Liter Wasser und einem Liter Cola?

Für dieses Experiment sollte auf keinen Fall Cola-light genutzt werden. Die hier gewonnen Erkenntnisse sind auch für das Thema „Gesunde Ernährung" im Sachunterricht dienlich. In jedem Fall müssten die Kinder nach der Durchführung feststellen, dass Cola schwerer als die gleiche Menge Wasser ist und natürlich auch über den Grund dieses Unterschieds sprechen. Nach Angaben des Cola-Konzerns können etwa 100 ml Getränk 10 Gramm Saccharide enthalten. Das würde etwa einer Menge von 36 Stück Würfelzucker pro Ein-Liter-Flasche entsprechen. Sollten die gemessenen Unterschiede im Experiment nicht mehr so groß ausfallen, ist das auch für die Diskussion im Hinblick auf eine Reduzierung des übermäßigen Zuckerkonsums dienlich.

Kopiervorlage 43 – **Experimentieren: Welcher Unterschied besteht zwischen einem Liter Wasser und einem Liter Cola?**

6 a) Wie groß ist der Rauminhalt einer Hand?

Zur Arbeitsweise und zu den entsprechenden Erkenntnissen der Kinder zu diesen Experimenten wurde ausführlich im Kapitel 11.2 geschrieben. Die Unterscheidung der Experimente „Wie groß ist der Rauminhalt einer Hand?" (a) und (b) dienen der Darstellung der beiden unterschiedlichen Messmethoden zur Bestimmung des Rauminhaltes, die für weitere Experimente von Bedeutung sein können. Während im Kapitel 11.2 ausführlich ein Differenzierungsmodell entsprechend der Bildungsstandards vorgestellt wurde, ist die Prozessgestaltung der Experimente auf den Kopiervorlagen 44 und 45 eher etwas kleinschrittiger angelegt.

Kopiervorlage 44 – **Experimentieren: Wie groß ist der Rauminhalt einer Hand? (1) – Differenzmethode**

b) Wie groß ist der Rauminhalt einer Hand?

Dieses Experiment soll Kindern helfen, zwei verschiedene Methoden zur Bestimmung des Rauminhaltes eines Körpers (unregelmäßiger Körper/eine Hand) zu erkunden. Die Lehrkraft kann entscheiden, ob beide Experimente jeweils mit zwei Halbgruppen der Klasse oder nacheinander mit allen Kindern durchgeführt werden. Während für das Experiment (a) die Differenzmethode, die sich aus dem Wasserstand vor und nach dem Eintauchen der Hand ergibt,

Kopiervorlage 45 – **Experimentieren: Wie groß ist der Rauminhalt einer Hand? (2) – Verdrängungsmethode**

zur Bestimmung des Rauminhaltes genutzt wird, ist es beim Experiment (b) die Überlaufmethode. In beiden Versuchen sehen die Kinder, dass Wasser verdrängt wird und dieses Wasser dann den Rauminhalt des Körpers angibt. Die Geschichte von Archimedes kann hierbei fachübergreifend den mathematischen Inhalt vertiefen.

7 Gibt es einen Unterschied zwischen dem Gewicht und dem Rauminhalt von Gegenständen?

Kopiervorlage 46 – **Experimentieren: Gibt es einen Unterschied zwischen dem Gewicht und dem Rauminhalt von Gegenständen?**

Für das Erkunden der Beziehungen zwischen dem Gewicht und dem Rauminhalt eignet sich dieses Experiment. Die Kinder schätzen und messen zuerst das Gewicht der angebotenen Gegenstände und anschließend geschieht das auch für den Rauminhalt. Für Letzteres sind sie vielleicht schon in der Lage, eine bekannte Methode zur Bestimmung des Rauminhaltes anzuwenden (KV 44 u. 45). Sie werden feststellen, dass bei einigen Gegenständen (Früchte, Gemüse ...) die Maßzahlen für Gewicht und Rauminhalt sich sehr unterscheiden, andere nur einen geringen Unterschied aufweisen oder sogar mitunter gleich sind. Über diese Auffälligkeiten sollte mit den Kindern diskutiert und Gründe aufgezeigt werden. Damit werden die Kinder im propädeutischen Sinne mit dem Begriff der Dichte konfrontiert, den sie dann im späteren Physikunterricht thematisieren und formelmäßig berechnen werden (Dichte = Masse : Volumen), aber im Grundschulunterricht nur kindgemäß beschreiben.

8 Wie schwer sind Mehl und Zucker im Messbecher?

Kopiervorlage 47 – **Experimentieren: Wie schwer sind das Mehl und der Zucker im Messbecher?**

Mit dieser Frage sollen die Kinder die Funktion des Messbechers, der zu Hause oft statt einer Waage zum Messen des Gewichtes, beispielsweise für das Messen von Backzutaten, genutzt wird, entdecken. Sie haben in der Regel den Messbecher in der Schule als Messgerät zur Bestimmung des Rauminhaltes bzw. des Fassungsvermögens von Gefäßen für Flüssigkeiten erlebt. Bei diesem Experiment füllen sie den Messbecher jedoch bis zur Füllhöhe eines Liters zuerst mit Mehl und stellen dann mithilfe der Waage fest, wie viel Gramm Mehl sich im Messbecher befand. Ebenso geschieht das mit Zucker. In der Auswertung des Experimentes erfahren die Kinder, dass die Zahlenwerte alle unterschiedlich für Mehl, Zucker und Flüssigkeiten sind, obwohl diese Zutaten die gleiche Füllmenge einnehmen. Gleichzeitig wird damit das Verständnis für den Eigenbau eines Messbechers mit unterschiedlichen Skalierungen vorbereitet (vgl. KV 23).

9 Passt in eure gebastelten Zylinder gleich viel Sand hinein?

Kopiervorlage 48 – **Experimentieren: Passt in eure gebastelten Zylinder gleich viel Sand hinein?**

Dieses Experiment führt oft nicht nur bei Kindern zu einer schnellen Entscheidung, wenn vermutet werden soll, ob beide Zylinder gleich viel Sand fassen. Sie behaupten meistens sofort, dass in beide Zylinder gleich viel Sand passt. Als Begründung wird die gleiche Größe des Papiers genannt. Dabei wird übersehen, dass nur die Mantelflächen beider Röhren gleich groß sind, aber jede Röhre eine andere Grundfläche und eine andere Höhe hat. Damit wird deutlich, warum die kürzere und dickere Röhre mehr Sand fasst als die längere und dünnere Röhre ($V = \pi \cdot r^2 \cdot h$).
Als Tipp für die Kinder, die beim Grübeln über den Unterschied der Sandmenge nicht weiterkommen (Aufgabe 4 des Experimentes) werden sie aufgefordert (Aufgabe 5 des Experimentes), die beiden Röhren mit den Grundflächen und den Höhen einmal genauer zu betrachten. Diese unterschiedlichen Flächen könnten dann für Kinder als vorläufige Problemlösung dienen. Für ältere Schüler oder Schülerinnen wird das deutlich, wenn sie die Flächenformel zur Bestimmung der Kreisfläche anwenden.

SCHLUSSBEMERKUNG

Wie wir in diesem Buch gezeigt haben, durchzieht das Thema Größen mehr oder weniger direkt einen großen Teil des Mathematikunterrichts.

Und wir hoffen gezeigt zu haben, dass Mathematik mehr als nur Rechnen ist! Mathematik sollte vielmehr die Kunst sein, Rechnungen zu umgehen. Die mehr informellen Fertigkeiten und Kenntnisse wie Schätzen, naive, informelle, nicht normierte, heuristische, probierende Vorgehensweisen kommen oftmals viel zu kurz. Unsere Schülerinnen und Schüler haben am Ende ihrer Schulzeit viele Regeln und Algorithmen gelernt, ein ausgeprägtes Zahlen- und Größengefühl ist in vielen Fällen bei einigen Kindern weniger vorhanden. Ein solches auszubilden, ist aber eines der wichtigsten Ziele der Schule und dort vor allem des Mathematikunterrichts. Muss es denn immer so furchtbar exakt sein? Genügt nicht oft genauso gut ein grober Näherungswert anstelle des genauen Ergebnisses? Warum darf nicht probiert, dem intuitiven Gefühl vertraut, sondern muss der wohltrainierte Algorithmus verwendet werden? Das entspricht nicht den im Alltag benötigten Verhaltensweisen. Ist es nicht so, dass wir oft einer Haltung der Schülerinnen und Schüler begegnen, die in folgendem bösen Bonmot zusammengefasst werden könnte: „Ich weiß zwar nicht was ich rechne, aber dafür rechne ich es unheimlich genau!" Zum Beispiel werden Ergebnisse des Taschenrechners kritiklos akzeptiert und wenn sie noch so unsinnig sind!

Vor dem rechnerischen Umgang mit Größen müssen die Schülerinnen und Schüler einen Begriff und eine Vorstellung davon haben, was eine Größe ist. Folgende Episode mag verdeutlichen, wie wenig ausgeprägt manche Vorstellungen einiger Schülerinnen und Schüler bezüglich des Größenverständnisses sind: Wenn die kleine Tochter sagt, wenn man im Badezimmer gerade von der Waage steigt: „Papa, wie groß bist du? Ich bin schon drei!" unterscheidet sich diese Unreife von der eines Kindes, der auf die Frage nach dem Flächeninhalt eines Kreises die Antwort „6 cm" gibt, kaum. Eine der wichtigsten Tätigkeiten zum Verständnis eines Größenbegriffs sind Messprozesse. Haben Sie schon einmal Flächengrößen ausgemessen, wirklich ausgemessen, nicht berechnet? Was wäre ein geeignetes Messgerät? Was müsste man tun? Mit konkreten Messprozessen lernen die Kinder Größenbegriffe kennen: „Das, was ich mit dem Metermaß messe, sind Längen; das, was ich mit der Waage messe, sind Gewichte (Massen); das, was ich mit der Stoppuhr messe, sind Zeitdauern; das, was ich mit dem Literbecher messe, sind Rauminhalte; das, was ich mit dem Quadratraster messe, sind Flächeninhalte etc."

Und diese Aufgabe ist mit der Grundschule längst nicht beendet. So ist beispielsweise ohne fundierte sach- und handlungsbezogene Grundlagen der Misserfolg beim Unterricht im Bruchrechnen garantiert. Wir wollen zur Begründung dieser These zum Abschluss nur eine einzige langjährige Erfahrung anführen: Wenn wir in einer Klasse nach Behandlung der Bruchrechnung die Aufgabe „30 : ½" stellen, ist die Fehlerhäufigkeit außerordentlich hoch. Wenn wir jedoch die Frage stellen, wie viele Gläser zu je einem halben Liter man aus einem 30-Liter-Fass Limonade ausschenken kann, dann ist die Erfolgsquote sogar schon vor Behandlung des Bruchrechnens außerordentlich hoch. Wie kann das zusammenpassen? Das darf uns nicht gleichgültig sein, sofern wir Mathematik nicht esoterisch und abgehoben – und damit „sinnlos" – unterrichten wollen. So sollte zum Beispiel das Rechnen mit Bruchzahlen eine Aufgabe der ganzen Schulzeit und kein einmaliger isolierter Block in Klasse 6 sein. Schon in der Grundschule müssen bei der Behandlung der Größenbereiche konkrete Brüche in Form einfacher Maßzahlen auftreten: ½ m, ¾ h, ¼ Liter...

In der gesamten Schulzeit sollten die Größen zur Veranschaulichung immer dann herangezogen werden, wenn bei den Schülerinnen und Schülern Verständnisschwierigkeiten auftreten.

LITERATURVERZEICHNIS

Beck. G/Claussen, C.: Experimentieren im Sachunterricht. In: Die Grundschulzeitschrift 139/2000. Pädagogische Zeitschriften, Friedrich Verlag in Velber in Zusammenarbeit mit Klett.

Franke, M./Ruwisch, S. (2010): Didaktik des Sachrechnens (2. Aufl.). Heidelberg: Spektrum Akademischer Verlag.

Fromme, M./Wartha, S./Benz, C. (2011): Tragfähiges Operationsverständnis durch flexible Übersetzungen – Grundvorstellungen zur Subtraktion. Grundschulmagazin, 4, 35–40.

Gaidoschik, M. (2010): Wie Kinder rechnen lernen – oder auch nicht. Eine empirische Studie zur Entwicklung von Rechenstrategien im ersten Schuljahr. (Gekürzte Fassung der Dissertation). Frankfurt am Main: Peter Lang.

Gaidoschik, M. (2014): Einmaleins verstehen, vernetzen, merken. Seelze: Kallmeyer.

Götze, D. (2015): Sprachförderung im Mathematikunterricht. Cornelsen/Berlin.

Grund, K.-H. (1992): Größenvorstellungen – eine wesentliche Voraussetzung beim Anwenden von Mathematik. In: Grundschule. H. 12, S. 42–44.

Grassmann, M.: Fast jede Sache auf der Welt wiegt irgendetwas? In: Die Grundschulzeitschrift 141/2001. S. 20

Grassmann, M./Eichler, K.-P./Mirwald, M./Nitsch, B. (2010): Mathematikunterricht 5, Kompetent im Unterricht der Grundschule. Schneider Verlag Hohengehren GmbH.

Grassmann, M./Klunter, M./Köhler, E./Mirwald, E./Raudies, M. (2005): Kinder wissen viel Auch über die Größe Geld? In: Potsdamer Studien zur Grundschulforschung 32, Teil 1, Universitätsverlag Potsdam.

Grassmann, M./Klunter, M./Köhler, E./Mirwald, E./Raudies, M. (2006): Kinder wissen viel Auch über die Größe Geld? In: Potsdamer Studien zur Grundschulforschung 33, Teil 2, Universität Potsdam

Hiebert, J./Carpenter, T./Fennema, E./Fuson, K. C./Wearne, D./Murray, H./Olivier, A./ Human, P. (1997): Making Sense. Teaching and Learning Mathematics with Understanding. NH: Heinemann, Portsmouth.

Hilbert, A. (1997): Mathematik Grundlagenwissen. Weltbild Verlag Augsburg.

Höhtker, B./Selter, C. (1995): Von der Hunderterkette zum leeren Zahlenstrahl. In: Müller, G. N./Wittmann, E. Ch. (Hrsg.): Mit Kindern rechnen (S. 122–137). Frankfurt am Main.

Kaden, F. (1985): Kleine Geschichte der Mathematik. Der Kinderbuchverlag Berlin-DDR.

Käpnick, F. (2014): Mathematiklernen in der Grundschule. Berlin Heidelberg: Springer Spektrum.

Käpnick, F./Fuchs, M./Grohmann, W./Mirwald, E./Münzel, C.: Rechenwege 2 (2011), Rechenwege 3 (2012), Rechenwege 4 (2012). Cornelsen Verlag/Volk und Wissen Verlag, Berlin.

Kaufmann, S. (2003): Früherkennung von Rechenstörungen in der Eingangsklasse der Grundschule und darauf abgestimmte remediale Maßnahmen. Peter Lang.

KMK (2004): Bildungsstandards im Fach Mathematik für den Primarbereich. Beschluss vom 15.10.2004. München, Neuwied: Wolters-Kluwer, Luchterhand Verlag.

Krauter, S.: Größen im Mathematikunterricht. Abgerufen von https://www.ph-ludwigsburg.de/fileadmin/subsites/2e-imix-t-01/user_files/personal/krauter/kurse/WS_05_06/Pruefungsseminar/Groessen.pdf (zuletzt geprüft am 27.10.2020)

Lorenz, J. H. (2005): Länge – Größe und Denkformat. In: Grundschule Mathematik, Heft 5, 4–6.

Lorenz, J. H. (2019): Lernschwierigkeiten in Mathematik. In: Kiel, E./ Herzig, B./Maier, U./ Sandfuchs, U. (Hrsg.): Handbuch Unterrichten an allgemeinbildenden Schulen (S. 307–315). Bad Heilbrunn: Klinkhardt.

Meyer, M./Prediger, S. (2012): Sprachenvielfalt im Mathematikunterricht – Herausforderungen, Chancen und Förderansätze. In: Praxis der Mathematik in der Schule 54, S. 2–9.

Mirwald, E. (1999): Wer hat die Zeit erfunden? Grundschulunterricht 12/1999. S. 15 bis 18.

Mirwald, E./Nitsch, B. (2004): Die Welt mit mathematischen Augen sehen. Aufgaben zum Sachrechnen. Dieck-Verlag Heinsberg

Mirwald, E./Nitsch, B. (2013). Experimentelles – ein interessanter Zugang zum Thema ‚Größen und Messen'. Grundschule, Heft 2, 15–19.

Mirwald, E./Nitsch, B. (2017): Mein Merkheft für Größen. Grundschulunterricht, 3/2017, S. 5 bis 12.

Nunes, T./Light, P./Mason, J.: Tools forthought: The measurement of lenghts and area. In: Learning and Instruction, 3 (1)/1993, S. 39–54.

Nührenbörger, M. (2002): Denk- und Lernwege von Kindern beim Messen von Längen. Theoretische Grundlegung und Fallstudien kindlicher Längenkonzepte im Laufe des 2. Schuljahres. Franzbecker, Hildesheim.

Padberg, F. (2005): Didaktik der Arithmetik. Spektrum Akademischer Verlag: Heidelberg/ Berlin/Oxford.

Padberg, F./Benz, Ch. (2011): Didaktik der Arithmetik. Heidelberg: Spektrum.

Peter-Koop, A. (2001): Authentische Zugänge zum Umgang mit Größen. In: Die Grundschulzeitschrift. H. 14, S. 6–11.

Piaget, J. (1976). Die Äquilibration der kognitiven Strukturen. Stuttgart: Klett.

Radatz, H./Schipper, W. (1983): Handbuch für den Mathematikunterricht an Grundschulen. Braunschweig: Schroedel.

Rink, R. (2015a): Der Mensch in Zahlen – Größenverhältnisse vermitteln. In: Die Grundschulzeitschrift. Heft 283.284, S. 47–49.

Rink, R. (2015b): „Das kann ich damit doch nicht messen, oder?" Messkompetenzen erheben. In: Grundschule Mathematik (47) 2015, S. 2–5.

Rink, R. (2015c): Mehr als nur „Hunderter, Zehner, Einer (HZE)" Einsatzmöglichkeiten des Dienes-Materials im Mathematikunterricht der Grundschule. In: Grundschulunterricht Mathematik Heft 3, S. 33 bis 37.

Rink, R. (2018a): Strukturiertes arbeiten mit Größen im Mathematikunterricht der Grundschule. In: Fördermagazin Grundschule 4/2018.

Rink, R./Grassmann, M. (2018b): „Ich mache das am liebsten immer ganz genau – mein Schulweg ist 452,478 m lang." – Bemerkungen zum Umgang mit Größen und Messinstrumenten im Mathematikunterricht. In: Steinweg, A. S. (Hrsg.): Inhalte im Fokus: Mathematische Strategien vermitteln – Tagungsband des AK Grundschule in der GDM 2018. Bamberg 2018.

Ruwisch, S. (2007): Das Außergewöhnliche der Zeit. In: Grundschulunterricht Mathematik (13), S. 42–43.

Schipper, W./Ebeling, A./Dröge, R. (2015): Handbuch für den Mathematikunterricht, 1. Schuljahr. Bildungshaus Schulbuchverlage. Westermann Schroedel Diesterweg Schöningh Winklers GmbH, Braunschweig.

Schipper, W./Ebeling, A./Dröge, R. (2015): Handbuch für den Mathematikunterricht, 2. Schuljahr. Bildungshaus Schulbuchverlage. Westermann Schroedel Diesterweg Schöningh Winklers GmbH, Braunschweig.

Schipper, W./Ebeling, A./Dröge, R. (2015): Handbuch für den Mathematikunterricht, 3. Schuljahr. Bildungshaus Schulbuchverlage. Westermann Schroedel Diesterweg Schöningh Winklers GmbH, Braunschweig.

Schmidt, S./Weiser, W. (1986): Maßzahlverständnis von Schulanfängern. In: JDM 1986 H2/3.

Schütte, S. (1994): Mathematiklernen in Sinnzusammenhängen: Probleme und Perspektiven der Grundschulmathematik heute. Ernst Klett Schulbuchverlag GmbH. Stuttgart, Düsseldorf, Berlin, Leipzig.

Strehl, R. (1979): Grundprobleme des Sachrechnens. Freiburg: Herder.

Trapp, W. (1998): Kleines Handbuch der Maße, Zahlen, Gewichte und der Zeitrechnung. Philipp Reclam jun. GmbH & Co., Stuttgart. Komet Verlag GmbH, Köln.

Walther, G. et al. (Hrsg): Bildungsstandards für die Grundschule. Mathematik konkret. Berlin: Cornelsen.

Wartha, S./Schulz, A. (2012): Rechenproblemen vorbeugen. Grundvorstellungen aufbauen – Zahlen und Rechnen bis 100. Berlin: Cornelsen Scriptor.

Wiebel, K.-H.: „Laborieren" als Weg zum Experimentieren im Sachunterricht. In: Die Grundschulzeitschrift, 139/2000. Pädagogische Zeitschriften, Friedrich Verlag in Velber in Zusammenarbeit mit Klett.

Winter, H. (1994): Sachrechnen in der Grundschule. Cornelsen Verlag Scriptor, Berlin.

Ziegenbalg, J. (1996): Algorithmen. Von Hammurapi bis Gödel. Spektrum Akademischer Verlag: Heidelberg/Berlin/Oxford.